高等职业教育“十四五”规划教材
智慧农业专业群系列规划教材

高等职业教育农业农村部“十三五”规划教材

设施栽培环境监控技术

刘雁征　主编

中国农业大学出版社
·北京·

内容简介

本教材由学校教师和企业专家共同编写，是农业高等职业院校园艺、设施农业装备、都市农业装备等专业“设施农业环境监控技术”的专用教材，根据“工学交替、项目导向、任务驱动”的教学模式要求，教材的项目设置按照环境控制的各个因子编写，将教材内容划分为温室温度监测与调控、温室湿度监测与调控、温室光照环境监测与调控、温室 CO_2 监测与调控、设施栽培环境监测与综合调控 5 个项目共 29 个任务，为项目教学专用教材。各项目后设置的“任务拓展”“任务评价”“任务巩固”等栏目，有利于培养学生自我学习的自觉性，丰富学生的课外知识。“任务评价”栏目从知识、能力和素质三方面对学生的综合能力进行多元化评价，有利于学生综合能力的培养。教材配有丰富的插图，图文并茂，融入了视频、动画等教学资源易教易学。

图书在版编目(CIP)数据

设施栽培环境监控技术/刘雁征主编.--北京：中国农业大学出版社，2024.6

ISBN 978-7-5655-3218-4

Ⅰ.①设…　Ⅱ.①刘…　Ⅲ.①设施农业-环境监测-高等职业教育-教材　Ⅳ.①S62

中国国家版本馆 CIP 数据核字(2024)第 106367 号

书　　名　设施栽培环境监控技术

Sheshi Zaipei Huanjing Jiankong Jishu

作　　者　刘雁征　主编

策划编辑　张　玉　　　**责任编辑**　张　玉　徐孟瑶

封面设计　郑　川　李尘工作室

出版发行　中国农业大学出版社

社　　址　北京市海淀区圆明园西路 2 号　　　**邮政编码**　100193

电　　话　发行部 010-62733489,1190　　　读者服务部 010-62732336

编辑部 010-62732617,2618　　　出　版　部 010-62733440

网　　址　http://www.caupress.cn　　　**E-mail** cbsszs@cau.edu.cn

经　　销　新华书店

印　　刷　运河(唐山)印务有限公司

版　　次　2024 年 12 月第 1 版　　2024 年 12 月第 1 次印刷

规　　格　210 mm×285 mm　　16 开本　　10.5 印张　　310 千字

定　　价　36.00 元

编审人员

主　编　刘雁征

副主编　徐　菲　李新旭　杨文雄

参　编　程建军　彭翠云　尹　腾　李树山

主　审　杨学坤

前言

党的二十大报告提出，强化农业科技和装备支撑。随着农业科技和信息化技术的快速发展，智慧农业成为加快农业现代化、推进乡村振兴的新方向。为此，北京农业职业学院联合多家高职院校和企业单位共同编写了智慧农业专业群系列规划教材。

近年来，随着信息化技术在设施栽培环境监控领域的不断发展，岗位任务和岗位需求发生了变化，学生的学习内容和要求也需要改变，相应地需要对教材的内容及表现形态进行改革，为此，按照高等职业教育教学改革的新要求，结合编者的观点、实践及调研意见，我们组织编写了《设施栽培环境监控技术》这本教材。其特点如下：

1. 融入思政元素

坚持落实立德树人根本任务，对接国家发展智慧农业战略，融入“三农情怀”“绿色环保”建设理念，从职业道德、振兴农业、生态环保等方面挖掘课程蕴含的思政元素，及时融入教材内容，同时实现对学生知识的传授与价值观的正确引导，助力美丽中国建设。

2. 符合设施农业发展趋势

本教材是设施农业与装备专业的核心课程——“设施农业环境监控技术”的配套教材。力求实现教学建设与课程体系改革的一体化，初步解决教材的系统性与课程教学的模块化组织的适应性问题，使教材的思想性和知识结构能跟上设施农业装备技术发展的趋势。

3. 新形态一体化

教材采用理论和实践相结合的教学方法，以构建新的知识、能力和素质并重的人才培养模式为指导，注重对学生创新能力的培养，加强知与行的辩证统一，多途径强化实际动手能力的训练，培养学生分析问题、解决问题的实际工作能力。要求学生掌握国内外设施农业环境监测调控设备与方法、自动控制与管理等内容，学会对监测调控设备的使用、常见故障原因与排除等知识，使学生初步了解当前设施农业环境监测调控技术水平，并具备运用基本理论提出合理化环境调控建议的能力。教材配套了教学课件和在线视频、动画教学资源，方便学生学习使用。

4. 突出实用性

走“产学结合”之路，符合专业发展的需求。在教材上注意知识搭配、跨学科内容的交叉和安排，以求建立课程完整的知识体系，教材的大纲项目设置按照环境控制的各个因子编写，适合实际应用中工作岗位的需求。任务的设置按照先理论认识后实践应用的顺序，符合学生的认知规律。培养学生的实验和实践能力，培养学生注重基础和应用能力，增强教材的吸引力。

本教材由刘雁征主编，徐菲、李新旭、杨文雄担任副主编，程建军、彭翠云、尹腾、李树山参编。全书分工如下：项目一由刘雁征编写，项目二由徐菲、刘雁征编写，项目三由李新旭、杨文雄、程建军编写，项目四由徐菲、杨文雄、彭翠云编写，项目五由刘雁征编写。本教材在开发过程中，为了符合社会发展需求及农业设施环境控制岗位需求，邀请具有多年市场经验的在温室环境建设及环境控制专业公司工作的李新旭、尹腾、李树山 3 位专家合作开发，在编写教材的初期，3 位专家与教材编者多次讨论交流，确定教材方向、大纲及内容，并在编写的过程中提了很多建议和提供实际案例。

由于编者水平所限，书中不足之处在所难免，敬请读者批评指正，以便今后进一步修改完善。

编　者

2024 年 3 月

目录

项目一　温室温度监测与调控

项目二　温室湿度监测与调控

项目三　温室光环境监测与调控

项目四　温室 CO_2 监测与调控

项目五　设施栽培环境监测与综合调控

项目一　温室温度监测与调控

岗位任务：

了解温室温度监测设备及其使用方法，理解温度控制的方法及相关设备的正确使用。

技术岗位：

温室管理员

岗位要求：

1. 熟悉温室温度监测设备和温室温度控制设备。
2. 掌握温室温度监测方法和温度控制方法。
3. 配合领导和其他技术人员做好各项工作。

模块一　温室温度环境认识

温室植物的生长环境与大田相比有极大的差异，要想取得比较好的经济效益，就必须对温室的环境进行调节和控制，在尽可能的条件下为栽培对象提供比较理想的生长环境，保证植物高产、稳产。温室的环境调节包括光照、温度、湿度、气体及土壤调节。

温室与塑料大棚是利用透明覆盖材料与围护结构把一定的空间与外界环境隔离开来，形成一个半封闭的系统。自然环境往往是复杂多变的，有时甚至完全不适于农业生物的生长发育。通过温室效应与对半封闭系统的物质交换和能量调节来进一步改善或创造更适于农业生物的优良环境，以期获得农业生物速生、优质、高产、均衡和最大的经济效益。构成农业生物的综合环境往往由光、温、水、气、土壤等多种因子组成。

工作任务1　温度对作物生长的影响

任务描述

温度是园艺作物设施栽培的首要环境条件，温度不仅影响作物生长，而且对果实质量也有重要影响。

本任务通过介绍温度对植物花芽分化、开花结果、果实品质的影响，让大家了解温度对作物生长的影响。

任务目标

1. 了解植物对温度的要求；
2. 掌握温度在植物各个生长阶段的作用。

设施监控技术的优势

素养目标

培养学生学农、爱农、兴农的责任意识，铸牢学生爱岗敬业精神和低碳环保理念。

任务准备

一、知识准备

（一）温度的基本概念

设施监控技术发展现状

温度是园艺作物生产环境的重要因子之一。植物的整个生长周期所发生的一切生理生化作用，都必须在一定的温度条件下才能正常进行。

温度(temperature)是表示物体冷热程度的物理量,微观上来讲是物体分子热运动的剧烈程度,即平均动能大小的度量。温度只能通过物体随温度变化的某些特性来间接测量,而用来量度物体温度数值的标尺叫温标。它规定了温度的读数起点(零点)和测量温度的基本单位。常用的温标有绝对温标(K)、摄氏温标(℃)和华氏温标(℉)三种,其中绝对温标和摄氏温标为国际单位制,华氏温标已不采用。绝对温标中的温度称为热力学温度或绝对温度,其单位为开尔文(K)。1 个开尔文是水的三相点限(0.01 ℃)的温度度量的 1/273.16,通常使用的摄氏温标度数 t 与绝对温标度数 T 的关系为:

$$t = T - 273.16$$

农业气象学中使用的温度常指气温、地温、水温、植物体温和叶温等五种类型。

(1)气温　气象学上把表示空气冷热程度的物理量称为空气温度,简称气温(air temperature)。国际上标准气温度量单位是摄氏度(℃)。气温在一定意义上可以表示一个地区热量的供应水平。气象观测中所说的气温,指在野外空气流通、不受太阳直射下距离地面 1.5 m 左右测得的空气温度(一般在百叶箱内测定)。地球表面记录到的最高气温是 58.8 ℃,是 1921 年 7 月 8 日在伊拉克巴士拉观测到的;最低气温是-89.2 ℃,是 1983 年 7 月 21 日在南极洲东方站(高 3500 m 的冰原上)观测到的。

(2)地温　农业气象中常称为土壤温度,是地面温度和不同深度土壤温度的统称。地面温度指土壤平均暴露地面温度,不同深度土壤温度指在土壤不同深度测得的温度。

(3)水温　水面温度即水体表面的温度。河面及湖面等的水温对水生植物及邻近地域农作物的生长发育具有一定的影响。

(4)植物体温　表征植物体(根、茎、叶、花、果实)冷热程度的物理量。植物体温直接受太阳辐射的影响。植物属于变温生物类型,地上部分通常接近于气温,地下部分接近于土壤温度,并随环境温度变化而变化。当植物体温低于气温时,植物会吸收大气中的热量或太阳辐射能而使体温升高;当植物体温高于气温时,蒸腾作用使体温降低。

(5)叶温　植物叶片表面的温度,就是植物叶温。植物正常生长条件下,叶面温度以周围环境温度为中心,在上下 2~3 ℃范围内呈周期变化,一个周期需 30~45 min。但在缺乏水分时,茎叶会发生萎缩现象,叶温变化幅度会逐渐减小直至消失。番茄在含有 0.15%臭氧的空气中,也会发生叶温变化、消失现象。如果植物患有病虫害,叶温变化幅度、周期会随之变化。

(二)园艺作物对温度的要求

任何园艺作物的生长发育都要求在一定的温度条件下进行,每一个生理过程都有三个温度基本点,我们称为“三基点温度”即最低温度、最适温度和最高温度。超出了最适温度范围,植物正常生长发育就受到抑制甚至死亡。在最适温度范围,植物生长发育速度最快、效率最高。设施栽培应根据不同园艺作物对“三基点温度”的要求,让环境温度处在其生育适温内。

园艺作物“三基点温度”与其原产地关系密切。原产温带的作物生长基点温度较低,一般 10 ℃左右开始生长;原产亚热带的一般 15~16 ℃开始生长。根据园艺作物对温度要求不同,分为耐寒性、半耐寒性、喜温性、耐热性四类。

1. 耐寒性园艺作物

根据生长周期可分为多年生和一年生园艺作物。

(1)耐寒性多年生园艺作物

这类园艺作物抗寒力强,包括大多数木本园艺植物、部分宿根和球根植物等。多数落叶果树冬季叶子枯黄脱落,地上部分进入休眠期,地下部分可耐-20 ℃以下的低温。大多数常绿果树、常绿观赏树木能耐-7~-5 ℃的低温。宿根植物如芦笋、韭菜、金针菜、茭白、草石蚕、牛蒡、辣根、蜀葵、玉簪、金光菊等,生长最适温度为 12~24 ℃,地上部分能耐高温,冬季地上部分枯死,地下宿根可越冬,能耐-15~

−10 ℃的低温，第二年春天解冻后可重新发芽生长。在大棚里栽培，早春棚内温度达到 5 ℃，新芽就会长出来。

（2）耐寒性一年生园艺作物

这类园艺作物如菠菜、香菜、油菜、大葱、大蒜、树莓、越橘、醋栗、三色堇、金鱼草、倒挂金钟、蛇目菊、新几内亚凤仙等耐寒性很强，生长期能耐长时间−2～−1 ℃的低温，短期−12～−10 ℃低温也可生存，在我国除高寒地区以外的地带均可以露地越冬。12～18 ℃产量最高，叶子长得快，品质好。但不耐热，40 ℃以上无法生存。这类园艺作物在大棚中早春和晚秋都能种植，温室里冬春季节都能种植。

2. 半耐寒性园艺作物

这类园艺作物如紫罗兰、金盏花、桂竹香、萝卜、胡萝卜、蚕豆、豌豆、芹菜、莴苣、大白菜、花椰菜、荸荠、莲藕等，生长最适温度为 17～20 ℃，此温度下产量最高，超过 20 ℃产量开始下降，30 ℃以上严重减产。能耐受短期−2～−1 ℃的低温，在长江以南均能露地越冬，在北方冬季需要采用防寒保温措施可安全越冬。可根据市场需求，早春和晚秋在温室和大棚栽培。

3. 喜温性园艺作物

这类园艺作物如变叶木、热带睡莲、筒凤梨、茄子、黄瓜、番茄、苦瓜、辣椒、菜豆等。生长最适温度为 20～30 ℃，此温度下产量最高；10～15 ℃以下授粉不良，易发生落花，影响开花结果；0 ℃无法生存，超过 40 ℃生长几乎停止，其中茄子、辣椒比番茄较耐热。在长江以南可以春播或秋播使结果时期安排在不冷或不热的季节里。在温室大棚中种植，一定要防止低温冻害。

4. 耐热性园艺作物

这类园艺作物如甜瓜、西瓜、冬瓜、南瓜、丝瓜、苋菜、芋艿、豇豆和部分水生蔬菜，生长最适温度为 25～30 ℃，此温度下产量高，果实发育快；40 ℃仍能正常生长，15 ℃以下影响开花结果，10 ℃以下停止生长，0～1 ℃无法生存。在温室大棚中适宜栽培的季节为 5—9 月，早春和晚秋栽培需要注意保温。

温室栽培应根据不同园艺作物的三基点温度，通过人为调控，为作物提供适宜的生长发育温度范围，可利于作物优质、高产。如图 1-1 所示。

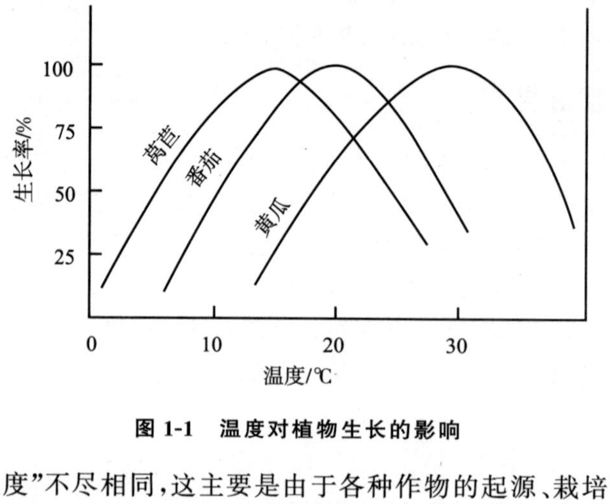

图 1-1　温度对植物生长的影响

各种作物的“三基点温度”不尽相同，这主要是由于各种作物的起源、栽培驯化程度、人工选种、育种和生育阶段不同。我们从常见园艺作物的种类来看，白菜、芹菜、韭菜、菠菜等喜冷凉气候，较耐低温，白天生育适宜温度在 20 ℃左右，如表 1-1 所示。瓜类和茄果类喜温暖气候，不耐低温，白天适宜温度为 25 ℃左右，如表 1-2 所示。一般来说，作物生长发育阶段中，种子发芽阶段最适温度较高，幼苗阶段适温范围广，一般最适温度较发芽阶段低，开花结果阶段不仅要求温度较高，而且有些果菜类作物对温度要求很严格，温度过低或过高均会导致生育不良或落花落果。

表 1-1 常见蔬菜的三基点温度 ℃

蔬菜种类	气温		
	最高温	最适温	最低温
白菜	23	18～13	5
萝卜	25	20～15	8
芹菜	23	18～13	5
菠菜	25	20～15	8
莴苣	25	20～15	8
甘蓝	20	17～7	2
茼蒿	25	20～15	8
花椰菜	22	20～10	2
韭菜	30	24～12	2
温室韭菜	30	27～17	10

表 1-2 常见果菜类作物发育的三基点温度 ℃

作物种类	昼温		夜温		地温		
	最高温	最适温	最适温	最低温	最高温	最适温	最低温
西瓜	35	28～23	18～13	10	25	20～18	13
黄瓜	35	28～23	15～10	8	25	20～18	13
南瓜	35	25～20	15～1	8	25	18～15	13
温室甜瓜	35	30～25	23～18	15	25	20～18	13
普通甜瓜	35	25～20	15～10	8	25	18～15	13
茄子	35	28～23	18～13	10	25	20～18	13
番茄	35	25～20	13～8	5	25	18～15	13
青椒	35	30～25	20～15	12	25	20～18	13

(三)温度对园艺作物生长发育的影响

1. 温度对生长的影响

园艺作物一般生长的温度范围为 4～36 ℃，不同种类的作物对温度要求差异很大。在一定范围内，白天温度越高光合作用越旺盛，营养生长越快，在 10～35 ℃，每增加 10 ℃，生命活动强度增加 1～2 倍。夜间低温有利于减少物质消耗，可获得高产；育苗期间保持昼夜温差在 10 ℃左右，才能培育出壮苗；茄果类作物在果实膨大期，昼夜温差保持在 5～7 ℃，有利于加速果实膨大。

2. 温度对花芽分化的影响

不同园艺作物花芽分化的温度要求不同，如落叶果树的花芽分化在开花前一年生长期中夏季温度较高时开始，对这类植物来说夏季高温对花芽分化有直接影响。葡萄花序原基形成阶段喜高温，诱导期气温与花芽数呈正相关，较高温度有利于未分化原基形成花序原基，较低温度有利于未分化原基形成卷须。在高温下进行花芽分化的花卉有杜鹃、山茶、梅、樱花、紫藤等。它们在 6—8 月气温 25 ℃以上时进入花芽分化，入秋后，植物进入休眠，经过一定的低温后结束休眠而开花。对有些植物，低温促进花芽分化。如紫罗兰在 10 ℃以下完成花芽分化，郁金香花芽分化也需要低温。许多原产在温带中北部及各地的高山花卉，其花芽分化在 20 ℃以下进行，如八仙花在 13 ℃左右和短日照下有利于花芽分化。

3. 温度对开花结实的影响

不同园艺作物开花所需要的温度不同，气温的高低对开花的早晚有很大影响。落叶果树通过自然休眠后，遇到适宜的温度就能萌芽开花，温度越高萌芽开花期越早。原产于热带或亚热带的一年生花卉，如牵牛、鸡冠花、凤仙花、半枝莲、茑萝等，开花温度在 25～30 ℃。原产于温带地区的二年生秋播花卉，开花适宜温度为 5～15 ℃。金鱼草、虞美人、蜀葵、花菱草等开花适宜温度为 15～25 ℃。秋菊开花适宜温度为 10～16 ℃。设施栽培可调控温度，诱导园艺作物比自然条件下提前开花。但应注意花期早易导致花的性器官发育不完全，花器官发育过快而不充实，无效花增多。

温度对花色也有影响。对开花时需要高温的园艺作物，温度高时，花的颜色艳丽；对喜中温或低温的园艺作物，当温度高时，花色转淡。如春季开花的二年生草花三色堇、金鱼草、虞美人等，温度升高到 30 ℃以上时，虽能开花，但其色淡而不艳丽。低温也能影响花的色彩，特别对于黄色和白色的花，如月季在 10 月下旬气温显著下降时，白色花朵上会出现粉红色，秋菊也有类似的现象。

温度对开花期间授粉坐果也有影响。花期气温较高有利于花粉管生长和花粉萌发。在适宜的温度范围内，花粉才能及早发芽。如果花期温度较低，花粉管在有效授粉期后才达到胚珠，就不能正常受精，而导致落花落果，坐果率降低。此外蜜蜂等传粉昆虫的活动受气温影响也较大。

4. 温度对果实品质的影响

不同种类的园艺作物果实的生长都有不同的适宜温度。玫瑰露葡萄的果粒生长与 6 月上旬至 7 月上旬的夜温关系密切，果粒重量以 22 ℃生长的最高，其次是 27 ℃和 15 ℃，35 ℃生长的果粒最低。气温对果实的着色也有影响，如巨峰葡萄在 20～25 ℃时是其花青苷形成的最适温度，气温在 30 ℃及以上时，着色不良。气温对果实成分和品质有明显影响，如锦橙果实的总含糖量、糖酸比、固酸比与成熟时的气温呈显著正相关，随着气温升高，果实的风味与品质变佳。

二、材料准备

1. 当地温室种植的典型作物；
2. 与本任务相关的各类材料。

任务实施

通过网络或到图书馆查阅资料，进一步了解温度对植物生长的影响。

任务拓展

什么是春化作用？

春化作用(vernalization)一般是指植物必须经历一段时间的持续低温才能由营养生长阶段转入生殖生长阶段的现象，简单来说，就是低温诱导促使植物开花的作用。例如，来自温带地区的耐寒花卉，较长的冬季和适度严寒，能更好地满足其春化阶段对低温的要求。低温处理促进花卉开花的作用，因花卉的种类而异。紫罗兰为十字花科早春开花的草花之一，在生长过程中需要一个低温变化才能促使花芽形成。通常于秋播分株后，入低温温室或阳畦越冬，能良好开花。春播应在 1 月于温室进行，分苗后置冷室接受春化作用也能开花，但长势不如秋播健壮。如 4—5 月播种，不能接受春化作用，当年便无花，但若继续栽培下去，次年可有较大植株，开花繁多。我们常见的很多花卉植物都是属于需要春化作用才能开花的品种，如羽衣甘蓝、风铃草、大花飞燕草、冬小麦等。

春化作用一般可以简单划分为两类：绝对春化植物和相对春化植物。

绝对春化植物对于低温期的要求是绝对的，必须经历一个低温过程才能在第二年开花结实。如果没有经历低温过程就是维持营养生长，不可能开花。

相对春化植物对于低温期的要求是相对的，即使没有经历一个低温期的过程这类植物可以开花，但是时间上要比经历低温期的晚很多。这类植物有一个比较显著的特点，随着低温期处理时间的增加，在以后的正常季节生长发育到开花抽穗的速度也会变快。

任务评价

以小组为学习单位，按照项目、内容和标准进行评价。

评价项目	评价内容	评价标准
温度相关概念	概念的准确性、完整性	正确叙述概念，叙述不清扣分
园艺作物对不同温度的要求	常见植物的温度要求准确性	正确叙述概念，叙述不清扣分
温度对作物生长发育的影响	概念的准确性、实例	正确叙述实例作物，叙述不清扣分

任务巩固

1. 什么是温度、叶温、三基点温度？
2. 根据不同的生长温度，园艺作物如何分类？
3. 温度对作物生长发育有什么影响？
4. 什么是春化作用？

工作任务2 温室传热过程

任务描述

温室是一个半封闭系统，不断与外界进行能量与物质交换，影响着温室内气温的变化。传热过程就是两个温度不同的物体相互接触一段时间后，高温物体的温度会下降，低温物体的温度会上升，两个物体之间发生了热传递，热量从高温物体传到了低温物体。

本任务通过介绍温室的传热过程，了解温室内热量传递的基本参数、传递方式、温室的热量平衡。

任务目标

1. 了解热量传递的概念和基本参数；
2. 掌握温室热量传递方式；
3. 了解温室的热量平衡。

素养目标

培养学生学农、爱农、兴农的责任意识，铸牢学生爱岗敬业精神和低碳环保理念。

任务准备

一、知识准备

(一)热量传递基本参数

1. 热量

热量是热传递过程中所传递的能量,用 Q 表示,其单位为焦耳,简称焦(J)。物体获得热量后温度会上升,放出热量后温度会降低。物体获得的热量

$$Q=mC\Delta T=mC\Delta t$$

式中:m——物体的质量,kg;

C——物体的比热容,为每千克物体温度升高 1 K(或 1 ℃)所吸收的热量,J/(kg·K)或 J/(kg·℃);

ΔT 或 Δt——物体吸热前后的温度差,K 或 ℃。

热力学中将组成物体的所有分子(原子)的动能和势能之和称为物体的内能,用 E 表示。实验表明,对物体做功 A 或向物体供给热量 Q 都能使物体的内能增加 ΔE。

$$Q=\Delta E+A$$

此定律称为热力学第一定律:物体的吸收的热量一部分用来增加内能,另一部分用来对外做功,即能量守恒普遍定律在热力学中的应用。低温物体向高温物体传热的过程,需要消耗其他能量,如电能或机械能。

2. 热流量

单位时间传递的热量称为热流量,用 φ 表示,单位为瓦特(W)。

3. 热流密度

单位时间通过单位面积的热流量称为热流密度,用 q 表示,单位为瓦特/平方米(W/m^2)。

4. 导热系数

导热系数数值上等于在单位温度梯度作用下物体内所产生的热流密度矢量的模,也可以简单地理解为当材料层厚度为 1 m,两表面的温度差为 1 ℃时,在 1 s 时间内通过 1 m^2 截面积的导热量。导热系数是表征材料导热性能优劣的参数,是一种物性参数,与材料种类和温度有关。不同材料导热系数不同,即使是同一种材料也和温度有关。一般来说:

$$\lambda_{金属}>\lambda_{非金属固体}>\lambda_{液体}>\lambda_{气体}$$

有些材料(木材、石墨)各向结构不同,各方向上的 λ 也有较大差别,这些材料称各向异性材料。此类材料 λ 必须注明方向。与此相反,称各向同性材料。

工程实用计算中可用线性近似关系表达:

$$\lambda=\lambda_0(1+bt)$$

式中:t ——温度,℃;

b ——常数;

λ_0——该直线延长与纵坐标的截距。

5. 保温材料

平均温度不高于 350 ℃时的导热系数不大于0.12 W/(m・K)的材料称为保温材料。保温材料导热系数界定值的大小反映了一个国家保温材料的生产及节能的水平。导热系数越小,生产及节能的水平越高。

(1)保温材料热量转移机理

高温时:①蜂窝固体结构的导热。②穿过微小气孔的导热。

更高温度时:①蜂窝固体结构的导热。②穿过微小气孔的导热和辐射。

(2)超级保温材料

采取的方法:夹层中抽真空(减少通过导热而造成的热损失)和采用多层间隔结构(1 cm 达十几层)。

特点:间隔材料的反射率很高,减少辐射换热。垂直于隔热板上的导热系数可达 104 W/(m・K)。

(二)热量传递的三种基本方式

热量传递的三种基本方式:导热(热传导)、对流(热对流)和热辐射,如图 1-2 所示。

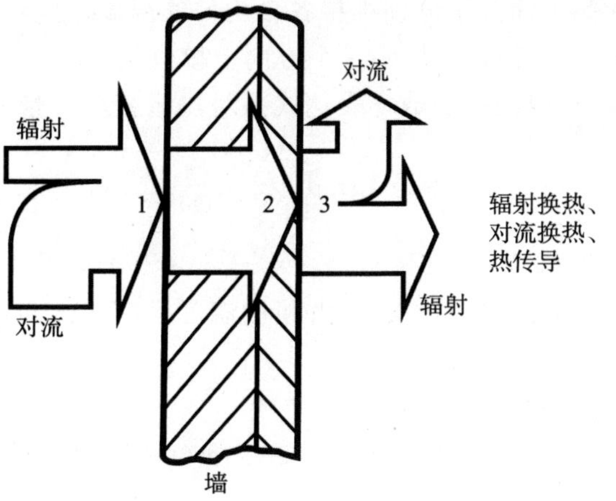

图 1-2　热量传递方式

1. 导热(热传导)(heat conduction)

温度不同的物体各部分之间不发生相对位移时,依靠分子、原子及自由电子等微观粒子的热运动而产生的热量传递现象称为导热,导热可以在固体、液体和气体中发生。

(1)特点:

从宏观角度看,导热是因物体直接接触,能量从高温部分传递到低温部分,中间没有明显的物质迁移。

从微观角度分析物体的导热机理:

a. 气体:气体分子不规则运动时相互碰撞的结果。

b. 导电固体:自由电子不规则运动相互碰撞的结果,自由电子的运动对其导热起主导作用。

c. 非导电固体:通过晶格结构振动产生的弹性波来实现热量传递,即原子、分子在其平衡位置振动。

d. 液体:第一种观点类似于气体,因液体分子的间距较近,分子间的作用力对碰撞的影响比气体大;第二种观点类似于非导电固体,主要依靠弹性波(晶格的振动),原子、分子在其平衡位置振动所产生的作用。

总结热传导的条件有:必须有温差;物体直接接触;依靠分子、原子及自由电子等微观粒子热运动而传递热量；在引力场下单纯的导热只发生在密实固体中。

（2）导热基本定律：

①导热基本定律（傅里叶定律）

定义：在导热现象中，单位时间内通过给定截面所传递的热量，与垂直于该截面方向上的温度变化率成正比，而热量传递的方向与温度升高的方向相反，即$\frac{\Phi}{A}\sim\frac{\partial t}{\partial x}$。

傅里叶定律表达式

$$\Phi=-\lambda A\frac{\partial t}{\partial x}\text{（负号表示热量传递方向与温度升高方向相反）}$$

$$q=\frac{\Phi}{A}=-\lambda\frac{\mathrm{d}t}{\mathrm{d}x}\text{（负号表示热量传递方向与温度升高方向相反）}$$

式中：q——热流密度，W/m^2（单位时间内通过单位面积的热流量）；

$\frac{\partial t}{\partial x}$——物体温度沿 x 轴方向的变化率 。

适用条件：a. 一维导热；

b. 一块平板两侧表面温度分别维持各自均匀的温度，这有一定的局限性。

若物体温度分布满足：$t=f(x,y,z)$时，则三个方向上单位矢量与该方向上的热流密度分量乘积合成一个热流密度矢量。傅里叶定律的一般数学表达式是对热流密度矢量写出的，其形式为

$$\vec{q}=-\lambda\,\mathrm{grad}t=-\lambda\frac{\partial t}{\partial n}\vec{n}$$

式中：grad$t$——空间某点的温度梯度；

$\vec{n}$——通过该点的等温线上的法向单位矢量，并指向温度升高的方向；

$\vec{q}$——该点的热量密度矢量。

②温度梯度与热流密度矢量的关系

如图 1-3 (a)所示，表示了微元面积 dA 附近的温度分布及垂直于该微元面积的热流密度矢量的关系。

热流线。热流线是一组与等温线处处垂直的曲线，通过平面上任一点的热流线与该点的热流密度矢量相切。

热流密度矢量与热流线的关系。在整个物体中，热流密度矢量的走向可用热流线表示。如图 1-3(b)所示，其特点是相邻两个热流线之间所传递的热流密度矢量处处相等，构成一热流通道。

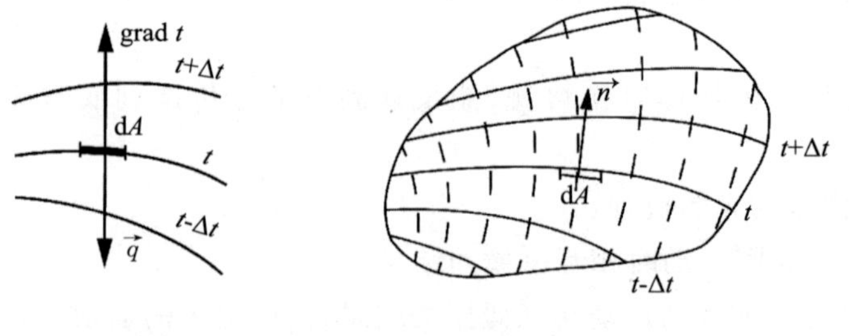

（a）温度梯度与热流密度矢量　　（b）等温线（实线）与热流线（虚线）

图 1-3　等温线与热流线

2. 对流换热(热对流)(convection)

指流体中(气体或液体)温度不同的各部分之间，由于发生相对的宏观运动而把热量由一处传递到

另一处的现象。简单地说，对流换热就是流体与固体表面之间的热量传递。

(1)对流换热过程

对流换热是发生在流体和直接接触的固体壁面之间的热量传递过程(直接接触是与辐射换热的区别)，是宏观的热对流与微观的热传导的综合传热过程。由于涉及流体的运动，热量的传递过程较为复杂，分析处理较为困难。因此，在对流换热过程的研究和应用上，实验和数值分析的处理方法是常常采用的。下面我们以简单的对流换热过程为例，对对流换热过程的特征进行粗略分析。

图 1-4 为一个简单的对流换热过程。表示流体以来流速度 u_∞ 和来流温度 t_∞ 流过一个温度为 t_w 的固体壁面。这里选取流体沿壁面流动的方向为 x 坐标、垂直壁面方向为 y 坐标。

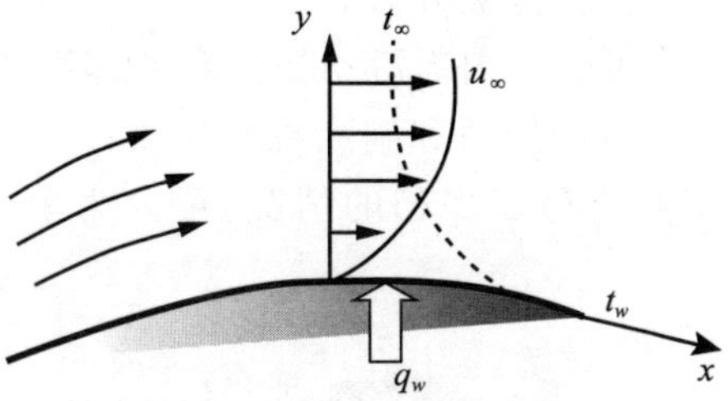

图 1-4 对流换热过程

由于固体壁面对流体分子的吸附作用，壁面上的流体是处于不流动或不滑移的状态(此论点对于极为稀薄的流体不适用)。又由于流体分子相互之间的穿插扩散和(或)相互吸引造成流体之间的相互牵制。这种相互的牵制作用就是流体的黏性力，在其作用下会使流体的速度在垂直于壁面的方向上发生改变 。由于流体的分子在固体壁面上被吸附而处于不流动的状态，因而流体速度从壁面上的零速度值逐步变化到来流的速度值。同时，通过固体壁面的热流也会在流体分子的作用下向流体扩散(热传导)，并不断地被流体的流动而带到下游(热对流)，因而也导致紧靠壁面处的流体温度逐步从壁面温度变化到来流温度。流体在壁面附近的速度和温度分布见图 1-5。

特点：只能发生在流体中；必然伴随有微观粒子热运动产生的导热。

总结热对流的条件有：

①导热与热对流同时存在的复杂热传递过程(对流仅发生在流体中，而且由于流体中的分子同时在进行着不规则的热运动，因而必伴随导热现象)。

②必须有直接接触(流体与壁面)和宏观运动；也必须有温差。

③壁面处会形成速度梯度很大的边界层。

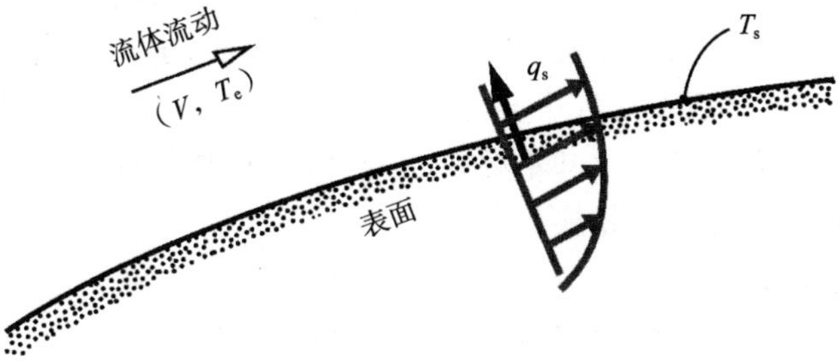

图 1-5 对流换热中边界层

(2)对流换热的分类

由于对流换热是发生在流体和固体界面上的热交换过程，流体的流动和固体壁面的几何形状以及相互接触的方式都会不同程度地影响对流热交换的效果，由此也构成了复杂的对流换热过程。因此，为了研究问题的条理性和系统性，以及便于把握对流换热过程(图 1-6)的实质，我们按不同的方式将对流换热过程进行分类，然后进行分析处理。

①按有无相变分为无相变和有相变。

无相变：自然对流和强迫对流（按流体运动的起因）

a. 自然对流：由于流体冷、热各部分的密度不同而引起的，如暖气片。

b. 强迫对流：由于泵、风机或其他压差作用所造成的。

有相变：沸腾换热和凝结换热

a. 沸腾换热：液体在热表面上沸腾。

b. 凝结换热：液体在冷表面上凝结。

②按传热学中对流换热过程的习惯性分类方式。

a. 按流体与固体壁面的接触方式可分为内部流动换热和外部流动换热；

b. 按流体的运动状态可分为层流流动换热和湍流流动换热；

c. 按流体在换热中是否发生相变或存在多相的情况，可分为单相流体对流换热和多相流体对流换热。

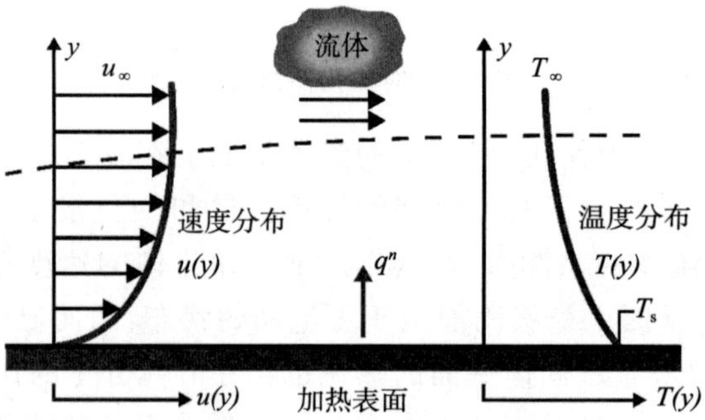

图 1-6　对流换热过程

在对流换热类别中，湍流流动极为普遍，如自然现象中，收获季节的麦浪滚滚、旗帜在微风中轻轻飘扬，都是由空气的湍流引起的。湍流的运动服从某种统计规律，而不是杂乱无章的。香烟的烟在静止的空气中上升，可以看到从层流到湍流的转化。湍流会消耗能量（同摩擦力消耗能量一样），没有湍流的世界是不可想象的。如果没有湍流，把酱油倒进汤里，花半小时酱油才能和汤混合，用汤匙一搅，依靠湍流几秒钟就混合在一起。如果没有湍流的掺混，烟囱浓烟中的有害物质将长期积聚，危害人类环境。

对于实际的对流换热过程，按照上述的分类可以将其归入相应的类型之中。例如，在外力推动下流体的管内流动换热是受迫内部流动换热，可以为层流也可为湍流，也可以有相变发生，使之从单相流动变为多相流动；再如，竖直的热平板在空气中的冷却过程是外部自然对流换热（或称大空间自然对流换热），可以为层流也可为湍流，在空气中冷却不存在相变，应为单相流体换热；但是如果是在饱和水中则会发生沸腾换热，这就是带有相变的多相换热过程。

（3）对流换热的计算

①对流换热的热流密度可以按照牛顿冷却公式来计算，即

$$q_c = h(t_w - t_\infty)$$

式中：h——对流换热系数（也称表面传热系数），其单位是 W/(m^2 · ℃)。采用这样的书写形式是为了使热流的方向与流体温度的降落方向一致。如果 $t_w > t_\infty$ 热流方向从固体壁面指向流体，如果 $t_w < t_\infty$ 则相反。

流体被加热时：

$$\Phi = hA(t_w - t_f)$$
$$q = \Phi/A = h(t_w - t_f)$$

流体被冷却时：

$$\Phi = hA(t_f - t_w)$$
$$q = \Phi/A = h(t_f - t_w)$$

式中：Φ——热流量，单位时间传递的热量，J；

q——热流密度，W/m^2；

h——表面传热系数，$W/(m^2 \cdot K)$；

A——与流体接触的壁面面积，m^2；

t_w——固体壁表面温度，℃；

t_f—— 流体温度，℃。

②对流换热系数(表面传热系数)(convection heat transfer coefficient)

$$h = \Phi/[A(t_w - t_\infty)], W/(m^2 \cdot K)$$

即当流体与壁面温度相差 1 ℃时、每单位壁面面积上、单位时间内所传递的热量。

影响 h 的因素：

①流速；

②流体物性；

③换热表面的形状、大小与布置等。

③对流换热热阻(thermal resistance for convection)

$$\Phi = \frac{\Delta t}{1/(hA)} = \frac{\Delta t}{R_h}$$

$$q = \frac{\Delta t}{1/h} = \frac{\Delta t}{r_h}$$

热阻：$R_h = 1/(hA)$[℃/W]

$r_h = 1/h$　　[m^2 · ℃/W]

3. 热辐射(thermal radiation)

(1)相关定义

辐射：物体通过电磁波来传递热量的方式。

热辐射：由热运动产生的以电磁波形式传递的能量的方式。

辐射换热：物体间靠热辐射进行的热量传递。它与单纯的热辐射不同，就像对流和对流换热一样，是物体同时吸收和辐射过程的综合结果。辐射换热等于零时，达到动态平衡，辐射和吸收仍在进行。

电磁波谱：电磁辐射包含了多种形式(图 1-7)，工业上有实际意义的热辐射区域一般为 0.1～100 μm。

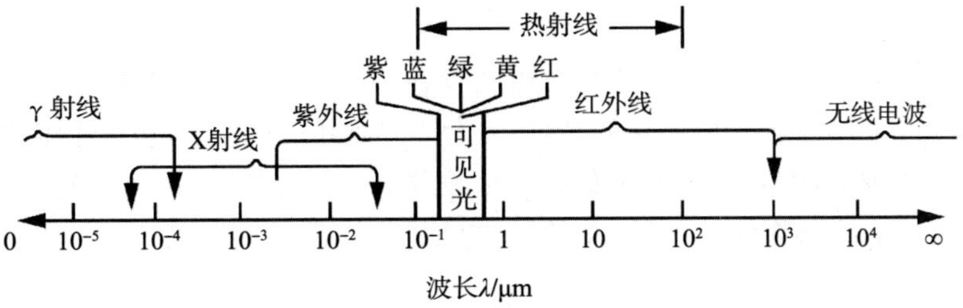

图 1-7　电磁辐射波谱

电磁波的传播速度：$c=f\lambda$

式中：f——频率，s^{-1}；

λ——波长，μm 。

(2)热辐射的特点

①任何物体，只要温度高于 0 K，就会不停地向周围空间发出热辐射；

②可以在真空中传播；

③伴随能量形式的转变；

④具有强烈的方向性；

⑤辐射能与温度和波长均有关；

⑥发射强度取决于温度的 4 次方。

生活中的例子

当你靠近火的时候，会感觉面向火的一面比背面热；

冬天的夜晚，待在有窗帘的屋子内会感觉比没有窗帘时要舒服；

太阳能传递到地面；

冬天，蔬菜大棚内的空气温度在 0 ℃以上，但地面却可能结冰。

(3)物体对热辐射的吸收、反射和穿透

当热辐射投射到实际物体表面时，将有一部分被物体表面反射，有一部分被物体吸收，其余透过物体，如图 1-8 所示。

$$Q=Q_x+Q_p+Q_x \quad \Rightarrow \quad \frac{Q_x}{Q}+\frac{Q_p}{Q}+\frac{Q_x}{Q}=1$$

$$\Downarrow \quad \Downarrow \quad \Downarrow$$

$$x+p+\tau=1$$

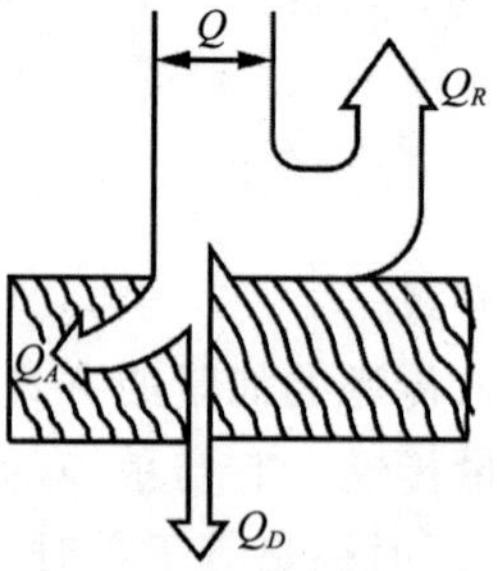

Q 热辐射；Q_R 反射；Q_A 吸收；Q_D 穿透

图 1-8 物体对热辐射的吸收反射和穿透

(4)辐射换热的特点

a. 不需要冷热物体的直接接触，即不需要介质的存在，在真空中就可以传递能量；

b. 在辐射换热过程中伴随着能量形式的转换：物体热力学能→电磁波能→物体热力学能。

c. 无论温度高低，物体都在不停地相互发射电磁波能、相互辐射能量；高温物体辐射给低温物体的能量大于低温物体辐射给高温物体的能量，总的结果是热由高温传到低温。

(三)稳态传热过程

农业设施是为农业生物提供必要的适宜环境的场所。随季节、昼夜和气候条件的变化,农业设施的维护结构两侧受到不同的温度作用时,热量就会从高温侧通过围护结构向低温侧传递。为使农业生物处于适宜的生态环境中,就必须对农业设施的围护结构采取适当的措施来保温隔热,以控制建筑结构的热量传递,并降低环境空气调节的能耗。如密闭式畜舍、果蔬贮藏库等,要求与外界环境适当隔离,因此对围护结构的保温隔热要求就高。无论是冬季减少室内的热量损失,还是夏季阻止室外热量的传入,其结果都是有效地缓和室内温度的昼夜变化和季节变化,降低采暖或通风设备的负荷,达到节能的目的。

根据传热学理论,在均匀的单相系统中,热量的传递有导热、对流、辐射三种基本形式。除此之外,建筑物围护结构内部还存在水蒸气的渗透和凝结,水分的相变也伴随着热量交换。因此,在建筑物围护结构中,上述四种传热方式都可能存在,但是围护结构都要求保持干燥状态,防止潮湿降低保温性能和导致结构的破坏,所以一般不考虑结构内部的相变传热。

同时,建筑围护结构处于大气环境中,因室外热作用(太阳辐射和空气温度等)随气候、季节和昼夜而变化,围护结构的热量传递是随时发生变化的。因此严格地讲,建筑围护结构的传热都应该属于非稳态传热,在解决保温隔热问题时就应按非稳态传热理论计算。但在围护结构两侧的温差较大,而气候变化和昼夜温差相对较小时,为简化计算,可以近似认为是稳态传热,这时就可以应用稳态传热和传湿理论来解决保温隔热和防潮问题,将实际情况进行合理简化,使复杂的非稳态传热过程简化为稳态传热过程,这会给计算带来很大的方便。如在北半球的温带地区,冬季室外气温低,室内常保持 12～20 ℃,这时建筑围护结构两侧温度差比较大,而昼夜温差与此比较则相对较小,围护结构两侧的温差变化缓慢,可以简化成稳态传热过程。即可以近似地认为,在冬季一定的时间范围内,建筑外围护结构两侧的空气温度都不随时间而变化,能保持一个稳定的温度差,如果外围护结构两侧的热流量以及内部的温度分布都不随时间而变化,那么就可以应用稳态传热和传湿的原理来研究冬季保温和防潮的问题。

1. 热量传递过程计算

热量通过围护结构要经过表面吸热、结构本身的传热以及表面放热三个过程。围护结构表面吸热和放热过程的机理是相同的,一般总称为“表面换热”,它既有结构表面与附近空气之间的对流和导热作用,又有表面与周围其他表面之间的辐射传热作用。结构实体材料层的传热以导热为主,而其中的空气间层以辐射传热为主。

忽略热辐射换热,则一维大平壁稳态传热过程包括如下环节(图 1-9):

- 从热流体到壁面高温侧的热量传递;
- 从壁面高温侧到壁面低温侧的热量传递;
- 从壁面低温侧到冷流体的热量传递。

左侧对流换热热阻:

$$R_{h1}=\frac{1}{Ah_1}$$

固体的导热热阻:

$$R_{\lambda}=\frac{\delta}{A\lambda}$$

右侧对流换热热阻:

$$R_{h2}=\frac{1}{Ah_2}$$

上面传热过程中传递的热量为：

$$\Phi=\frac{(t_{f1}-t_{f2})}{R_{h1}+R_{\lambda}+R_{h2}}=\frac{(t_{f1}-t_{f2})}{\frac{1}{Ah_1}+\frac{\delta}{A\lambda}+\frac{1}{Ah_2}}$$

2. 传热系数计算

传热系数是用来表征传热过程强烈程度的指标。数值上，它等于冷热流体间温差 1 ℃时，单位传热面积的热流量值。K 值越大，则传热过程越强，反之，则越弱。其大小受较多因素的影响：

(1)参与传热过程的两种流体的种类；

(2)传热过程是否有相变。

说明：若流体与壁面间有辐射换热现象，上述计算未考虑之。要计算辐射换热，则表面传热系数应取复合换热表面传热系数，包含由辐射换热折算出来的表面传热系数在内。

传热系数的表达式

$$\Phi=AK(t_{f1}-t_{f2})=AK\Delta t$$

$$K=\frac{1}{\frac{1}{h_1}+\frac{\delta}{\lambda}+\frac{1}{h_2}}=\frac{1}{r_{h1}+r_{\lambda}+r_{h2}}$$

式中：K——传热系数，W/(m^2 · K)；

Φ——通过材料的传热量，W；

A——传热材料面积，m^2；

t——材料两侧的温度，℃。

式中传热系数 K 表示是由组成传热过程诸环节的 $\frac{1}{h_1}$、$\frac{\delta}{\lambda}$、$\frac{1}{h_2}$之和的倒数组成。或写成

$$\frac{1}{K}=\frac{1}{h_1}+\frac{\delta}{\lambda}+\frac{1}{h_2}$$

或

$$\frac{1}{AK}=\frac{1}{Ah_1}+\frac{\delta}{A\lambda}+\frac{1}{Ah_2}$$

传热方程式可变为以下形式：

$$\Phi=\Delta t/\frac{1}{AK}$$

此式与欧姆定律：$I=U/R$ 比较，$\frac{1}{AK}$具有电阻之功能。

由此可见，传热过程热阻是由各构成环节的热阻组成的。

串联热阻叠加原则：在一个串联的热量传递过程中，如果通过各个环节的热流量都相等，则串联热量传递过程的总热阻等于各串联环节热阻之和。

传热系数是表征传热过程强烈程度的标尺，不是物性参数，与过程有关。K 越大，传热越好。若要增大 K，可增大 h_1、λ、h_2 或减小 δ。

注意：①非稳态传热过程以及有内热源时，不能用热阻分析法。

②h_1、h_2 的计算方法及增加 K 值的措施是重要内容。

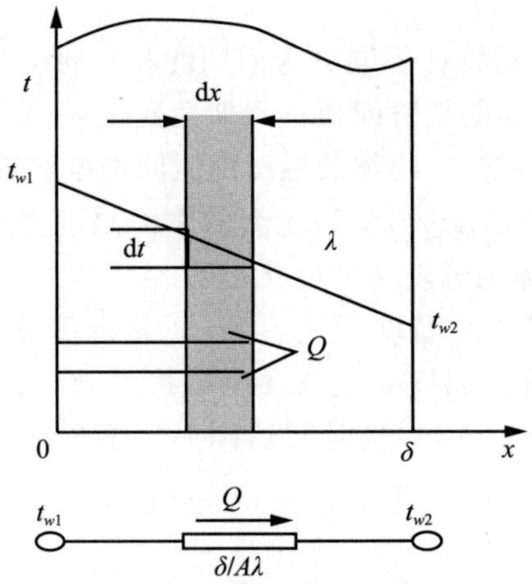

图 1-9　导热热阻的图示

3. 一维稳态导热及其导热热阻

稳态时：热流密度 q=const，于是积分 Fourier 定律有：

$$q\int_0^\delta \mathrm{d}x = -\lambda\int_{t_{w1}}^{t_{w2}} \mathrm{d}t \Rightarrow q = \lambda\frac{t_{w1}-t_{w2}}{\delta}$$

所以，$q=\dfrac{t_{w1}-t_{w2}}{\dfrac{\delta}{\lambda}}=\dfrac{\Delta t}{r_\lambda}$，

热流量 $\Phi=\dfrac{t_{w1}-t_{w2}}{\dfrac{\delta}{A\lambda}}=\dfrac{\Delta t}{R_\lambda}$

导热热阻 $R_\lambda=\dfrac{\delta}{A\lambda}$

单位导热热阻 $r_\lambda=R_\lambda A=\dfrac{\delta}{\lambda}$

式中：δ——材料层厚度，m。

传热阻简称热阻 R，即为传热系数 K 的倒数，表示热量从平壁的一侧空间传至另一侧空间时所受到的阻力。在相同的室内外温度差条件下，总热阻越大，通过平壁的热量就越少。

(四)非稳态传热过程

在实际工程中，围护结构受到的热作用是随时间变化的，尤其是室外空气温度和太阳辐射呈周期性变化。冬季间歇采暖的房间，室内气温也会有周期性的波动。因此，围护结构必须考虑在周期不稳定传热条件下，其表面和内部温度的变化波动情况，即围护结构的热稳定性问题，其在围护结构的夏季和冬季的热工计算中都是很重要的。

围护结构中的墙和屋顶，其平面尺度相对于厚度要大得多。计算证实，在室内外热作用下，当高度和宽度比厚度大 10 倍以上时，温度分布仅沿厚度方向发生变化。因此与墙或屋顶表面相平行的所有截面都可近似看作一系列等温面，即这时的传热为一维导热问题。

1. 非稳态导热的基本概念

(1)定义

物体的温度随时间而变化的导热过程称非稳态导热。

(2)分类

根据物体内温度随时间而变化的特征不同分为周期性和非周期性非稳态导热。

①周期性非稳态导热：物体的温度随时间而作周期性变化；

②非周期性非稳态导热(瞬态导热)：物体的温度随时间的推移逐渐趋于恒定值，即 $\tau\uparrow t=\text{const}$。

如图 1-10 所示，设一平壁，初值温度 t_0，令其左侧的表面温度突然升高到 t_1 并保持不变，而右侧仍与温度为 t_0 的空气接触，试分析物体的温度场的变化过程。

首先，物体与高温表面靠近部分的温度很快上升，而其余部分仍保持原来的 t_0(图 1-10 中曲线 HBD)。随时间的推移，由于物体导热温度变化波及范围扩大，到某一时间后，右侧表面温度也逐渐升高(图 1-10 中曲线 HCD、HE、HF)。最后，当时间达到一定值后，温度分布保持恒定(图 1-10 中曲线 HG，若 $\lambda=\text{const}$，则 HG 是直线)。

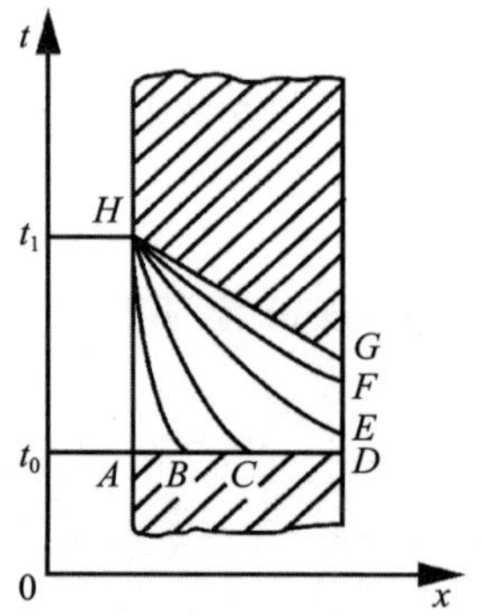

图 1-10　非稳态导热过程中的温度分布

由此可见，上述非稳态导热过程中，存在着右侧面参与换热与不参与换热的两个不同阶段。

第一阶段，非正规状况阶段(右侧面不参与换热)

温度分布显现出部分为非稳态导热规律控制区和部分为初始温度区的混合分布，即在此阶段物体温度分布受 t 分布的影响较大，此阶段称非正规状况阶段。

第二阶段，正规状况阶段(右侧面参与换热)

当右侧面参与换热以后，物体中的温度分布不受 t_0 影响，主要取决于边界条件及物性，此时，非稳态导热过程进入正规状况阶段。正规状况阶段的温度变化规律是讨论的重点。

③两类非稳态导热的区别：非周期性非稳态导热(瞬态导热)存在着有区别的两个不同阶段，而周期性非稳态导热不存在。

2. 特点

非稳态导热过程中，在与热流量方向垂直的不同截面上热流量不相等，这是非稳态导热区别于稳态导热的一个特点。

原因：在热量传递的路径上，物体各处温度的变化要积聚或消耗能量，所以，在热流量传递的方向上 $\lambda\neq\text{const}$。

(五)园艺设施的热收支状况

1. 热量来源

设施内的热量主要来自太阳辐射能和加温。

(1)太阳辐射能

白天，当太阳光线照射到透明覆盖物表面上后，一部分光线透过覆盖物进入设施内，照射到地面及植株上。地面和植株获得太阳辐射热量,地温和植株体温升高,同时地面和植株也放出长波辐射,使气温升高。由于设施的封闭或半封闭,设施内外的冷热空气交流微弱,以及由于透明覆盖物对长波辐射透过率较低,使大部分长波辐射保留在设施内,从而使设施内的气温升高。设施的这种利用自身的封闭空气交流和透明覆盖物阻止设施内的长波辐射而使内部的气温高于外界的现象,称为设施的"温室效应"。据研究,在"温室效应"形成的两个因素中,前一个因素的作用占72%,后一个因素的作用占28%。太阳辐射能增温的效果,受到天气、设施类型、透明覆盖物种类和设施方位等因素的影响。

(2)加温

当温室进行加温时,温室内的热量来源主要是加热设备放热,加温的升温幅度除了受加温设备的加温能力影响外,设施的空间大小对其影响也很大。据试验,温室的高度每增加1 m,温度升高1 ℃所需的能量相应增加20%~40%。随着温室内温度升高,各部分热量损失也相应增加。

2. 热量支出

白天温室内的热量主要来自太阳辐射,而热量支出包括:①温室内土壤、作物及内部其他表面对太阳辐射的反射而导致部分辐射能量离开温室散失。②温室外部覆盖材料与外界空气的对流换热。③温室通风(通过通风窗或覆盖物缝隙)形成的热量交换,包括由室内外空气温差造成的显热热交换和由室内水分蒸发、作物蒸腾,室内空气水蒸气含量高于室外空气所造成的潜热热交换。④土壤传导失热等。夜间温室在没有加温时,其能量输入途径包括土壤在白天积蓄热量的释放、作物呼吸释放热量和水分凝结放热等;热量损失的途径主要有:①温室覆盖材料外表面与外界大气的对流换热。②温室各组成部分、室内土壤和作物的辐射失热。③温室由于密封不严(覆盖物缝隙)的对流换热。④室内土壤向与之相连的室外土壤的传导失热等,如图1-11所示。

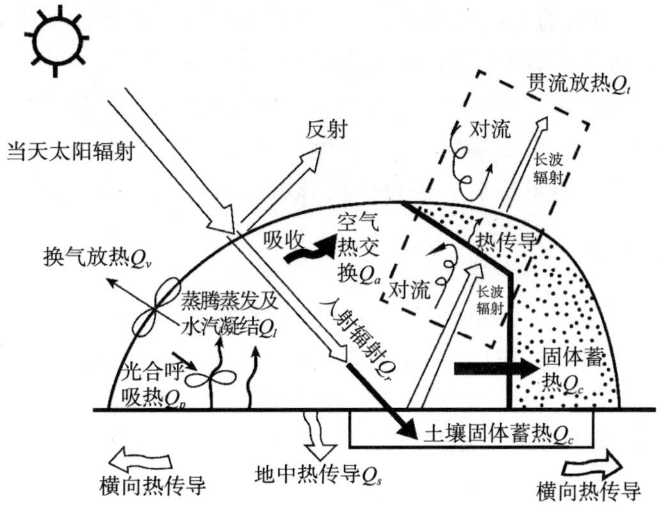

图1-11 日光温室的热量收支

(1)辐射放热

辐射放热主要是在夜间,以有效辐射的方式向外放热。在夜间几种放热的方式中,辐射放热占的比例很大。辐射放热受设施内外的温差大小、设施表面面积以及地面面积大小等的影响比较大。

(2)贯流放热

即设施内的热量以传导的方式,通过覆盖材料或维护材料向外散放。贯流放热的快慢受到覆盖材料或维护材料的种类、状态(如干湿)、厚度、设施内外的温度差、设施外的风速等因素的影响。材料的贯流放热能力大小一般用热贯流率来表示。热贯流率是指材料的两面温度差为1 ℃时,单位时间内单位表面积上通过的热量,表示为kJ/(m²·h·℃)。材料的热贯流率越大,贯流放热量也越大,保温性能越差。不同材料的热贯流率不同。

设施外的风速大小对贯流放热的影响也很大，风速越大，贯流放热越快。所以，低温期多风地区要加强设施的防风措施。

(3)通风换气放热

包括由设施的自然通风或强制通风、建筑材料裂缝、覆盖物破损、门窗缝隙等渠道进行的热量散放。分为显热失热(直接由温差引起的失热)和潜热失热(由水的相变而引起的失热)两部分，主要为显热失热，潜热失热量较小，一般忽略不计。风速对换气放热的影响很大，风速增大时，换气散热量增大。

(4)土壤传导失热

包括土壤上下层之间以及土壤的横向热传递，对设施温度影响大的是水平方向的热传递。据报道，土壤横向传热失热量占温室总失热量的5%～10%。

3. 设施保温比

保温比是指设施内的土地面积(D)与覆盖及维护的表面积(S)之比。保温比最大值为1。设施的保温比值越大，覆盖及维护的表面积越小，则通过设施表面进行的热交换和热辐射量减少，保温能力增强。

设施的形状以及大小等对保温比值的影响较大。一般单栋温室的保温比为0.5～0.6，连栋温室的保温比为0.7～0.8。同一土地面积的大棚，拱圆棚的保温比最小，平顶棚的保温比最大。保温比大的设施，白天增温缓慢，夜间降温也比较缓慢，日较差小，保温比小的设施的日较差则相对较大。

4. 地-气热交换

白天，当太阳辐射透过透明覆盖物进入设施内后，照到地面上，一部分被土壤吸收，地温增高，另一部分反射回设施内。由于透明覆盖物的阻挡作用，大部分辐射被保留于设施内，而使气温升高。与此同时，地面放出的热辐射也被透明覆盖物阻挡，留于设施内，加速气温提高。由于白天设施内的气温高于地温，土壤在接受太阳光能的同时，也还从空气中吸收热量，加速地温上升。

夜间在不进行加温的情况下，由于辐射放热、贯流放热、换气放热等原因，设施内的气温逐渐下降，只有依靠土壤、墙体等中贮存的热量辐射来保持温度，故夜间设施内的地温高于气温。

(六)温室中的热量平衡

温室是一个半封闭的热力系统，其温度环境受到室外和室内多种因素的影响。其中，室外影响因子有：太阳辐射、空气温度、湿度、风速、风向等；室内影响因子有：采暖和保温系统、照明、作物及土壤散热、散湿等。在这些因子的共同作用下，温室内的空气始终处在动态平衡状态。当室内空气吸热总量大于散热总量时，温度升高，散热量也随之增加，使得散热总量与吸热总量趋于相同，从而在一个较高的温度水平上维持热平衡；反之，当室内空气吸热总量小于散热总量时，温度降低，散热量也随之降低，散热总量与吸热总量趋于相同，从而在一个较低的温度水平上维持热平衡。

一般在冬季，外界进入温室内的热量(吸热量)包括：进入温室的太阳辐射能、温室灯具和设备的散热、作物及土壤呼吸释放热、温室采暖系统散热等；温室输出的热量(散热量)包括：温室透过覆盖材料向外长波辐射散热、温室覆盖材料表面的对流散热、通风换气排出的显热、作物蒸腾和土壤蒸发耗热量、作物光合作用耗热量、温室向地中传热量等。

冬季保温和夏季隔热，要求围护结构具有一定的热稳定性，以维持生物适宜的生长状态环境。检测农业建筑环境是否符合生物生长的一项指标，就是检测同一时刻环境内不同位置温度的差异，可用温度场的概念来衡量。若差异过大，同一种植物在不同温度环境下生长指标有一定差异，所以尽量保持环境内的温度差异不要过大。

温室热交换的基本形式有：

1. 通风换热

温室通风是温室与外界进行质能传递的主要过程，其通风强度主要取决于通风方式、温室结构参数、室外风速、风向、通风设备等因素。若外界温度高于室内，温室获得热量温度上升，反之，温室失去热量而温度下降。通风换热有两种形式，显热交换和潜热交换。显热交换主要是由于室内外空气温度差异交换的热量部分；而潜热交换则是由于室内外空气中水蒸气含量的不同交换的热量部分。

2. 对流换热

对流换热发生在具有温度差异的固体与流体相接触的表面。对温室栽培系统来说，温室覆盖材料外表面与外界空气、内表面与温室内部空气、室内作物与室内空气、室内地面与室内空气之间等都进行对流换热。

3. 辐射换热

任何具有温度(超过绝对零度)的物体均向外辐射能量，如温室覆盖材料、室内作物、室内地面等。温室各组成部分在辐射能量的同时也接受来自其他部分的辐射。物体的辐射能力主要与该物体的温度与表面辐射特性有关。

4. 传导换热

传导换热发生在具有温度梯度的固体内部或相接触的固体之间，在温室栽培系统中热传导主要发生在温室内地面中，其热交换量主要与其温度梯度和土壤(或基质)特性以及水分含量等因子有关。

温室不断地与外界进行能量与物质交换，温室获得热量主要来自两方面：一是太阳辐射能，二是人工加热量。温室的热量散失主要来自以下几个方面：以对流方式，温室内土壤表面与空气之间、空气与覆盖物之间热量交换，并通过覆盖材料表面失热；温室内土壤覆盖表面蒸发、作物蒸腾、覆盖物表面蒸发，以潜热形式失热；地面、作物、覆盖物表面有效辐射失热；通过排气将显热和潜热排出；土壤传导失热。根据能量守恒原理：蓄积于温室内的热量 ΔQ 为进入温室内的热量(Q_i)与散失的热量(Q_o)之差，如图 1-12 所示。

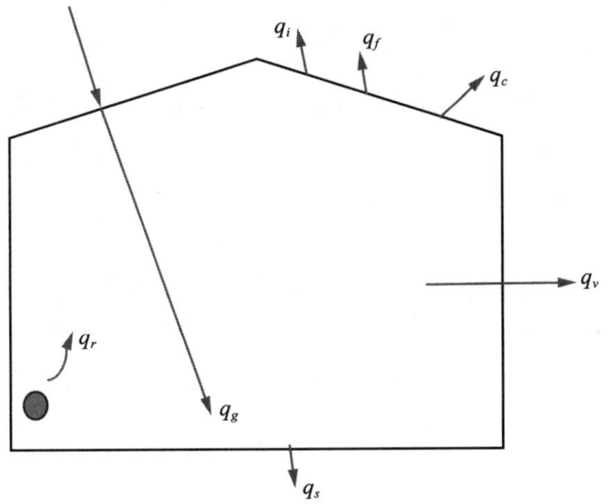

图 1-12　温室热量得失图

当 $\Delta Q=0$ 时，进入温室的热量(Q_i)＝散失的热量(Q_o)，温室的热量平衡方程式如下：

$$q_g + q_r = q_c + q_i + q_f + q_v + q_s$$

式中：q_g——太阳热能；

q_r——人工加热量；

q_c——对流传导失热量(显热部分)；

q_l——潜热失热量；
q_f——有效辐射失热；
q_v——通风换气热量(包括显热和潜热两部分)；
q_s——地中传热量。

二、材料准备

1. 当地温室环境的热量变化；
2. 与本任务相关的各类材料。

任务实施

通过网络或到图书馆查阅资料，进一步了解温室热量传递过程。

任务拓展

辐射换热的研究方法

假设一种黑体，其只关心热辐射的共性规律，忽略其他因素，然后，真实物体的辐射则与黑体进行比较和修正，通过实验获得修正系数，从而获得真实物体的热辐射规律。

1. 黑体概念

黑体：是指能吸收投入其面上的所有热辐射能的物体，包括所有方向和所有波长。因此，相同温度下，黑体的吸收能力最强。黑体是一种科学假想的物体，现实生活中是不存在的，但却可以人工制造出近似的人工黑体。黑体是研究其他物体的基础和比较依据。

灰体：光谱辐射特性不随波长而变化的假想物体，即 $\alpha=\alpha_\lambda$, $\rho=\rho_\lambda$，$\tau=\tau_\lambda$，灰体的吸收比、反射比、投射比与波长无关，只取决于灰体本身的性质。在热辐射的波长范围内，绝大多数工程材料都可以近似地作为灰体处理。

2. 热辐射能量的表示方法

辐射强度：定向辐射强度 $L(\theta,\varphi)$：单位时间内，物体在垂直发射方向的单位面积上，在单位立体角内发射的一切波长的能量。

辐射力 E：单位时间内，单位面积的物体表面向半球空间发射的全部波长的辐射能的总和。用符号 E 表示，单位为 W/m^2。

辐射力从总体上表征物体发射辐射能本领的大小。在热辐射的整个波谱内，不同波长辐射出的辐射能是不同的，用光谱辐射力表示。

光谱辐射力 E_λ：单位时间内，单位波长范围内(包含某一给定波长)，物体的单位表面积向半球空间发射的能量(W/m^3)。

3. 黑体辐射的控制方程

Stefan-Boltzmann 定律：$\Phi=A\sigma T^4$，$q=\sigma T^4$

真实物体则为：$\Phi=\varepsilon A\sigma T^4$

4. 两黑体表面间的辐射换热(图 1-13)

$$\Phi=A\sigma(T_1^4-T_2^4)$$

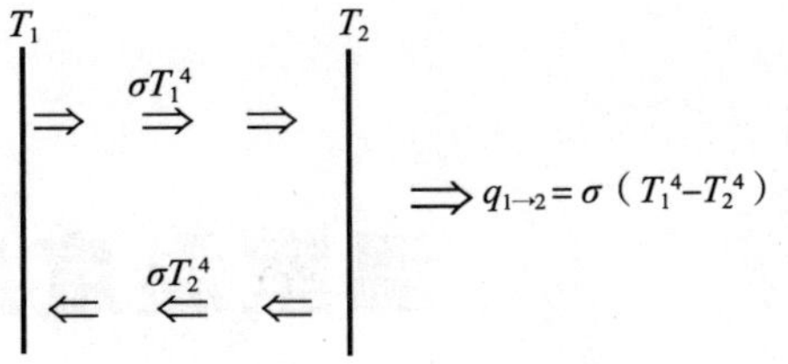

图 1-13　两黑体表面间的辐射换热

任务评价

以小组为学习单位，按照项目、内容和标准进行评价。

评价项目	评价内容	评价标准
热量概念	概念的准确性、完整性	正确叙述概念，叙述不清扣分
热传递方式	三种基本热传递方式	正确叙述概念，叙述不清扣分
温室内的热平衡	温室的热平衡过程	正确叙述热平衡过程，叙述不清扣分

任务巩固

1. 什么是导热系数？说明它在选择覆盖材料时的作用。
2. 热量传递的三种方式和它们的区别是什么？
3. 说明温室中的热平衡。

生物圈-温室内环境

模块二　　温室温度监测

工作任务1　温度传感器的认识

任务描述

温度测量不能像长度计量那样直接用长度单位来表示，温度只能借助于其他物质随之按一定规律改变的物理性质来测量。基本符合要求的物质及其物理性质有液体、气体的体积或压力，热电偶的热电势，金属的电阻及物体的热辐射等。

本任务介绍常用的温度检测设备，帮助大家掌握常用的温度检测设备的使用方法。

任务目标

1. 了解温度检测设备的工作原理；
2. 掌握温度检测设备的使用方法。

温室温度监测

素养目标

培养学生学农、爱农、兴农的责任意识，铸牢学生爱岗敬业精神和低碳环保的理念。

任务准备

一、知识准备

温度传感器是最早开发、应用最为广泛的一类传感器。从1593年伽利略发明温度计开始，人们开始用温度计进行测量。1821年，德国物理学家赛贝发明温度传感器，真正把温度变成电信号，这就是后来的热电偶传感器。50年后，德国的西门子发明了铂电阻温度计。20世纪以来相继开发了半导体热电偶传感器、PN结温度传感器和集成温度传感器。下面我们介绍几种常用的温度检测设备。

（一）玻璃液体温度计

1. 水银温度计

利用水银热胀冷缩的性质制造的一种温度计，水银的凝固点（−38.87 ℃）与沸点（356.7 ℃）决定了测量范围，多用于测高温。

水银温度计应选壁厚、孔细而内径均匀的玻璃管，经酸洗等过程使管内洁净，一端加热并吹成一个壁薄的球形或圆柱形的容器。水银是在某种特定温度下注入球形容器与玻璃管中，此时水银的温度比以后所测得最高温度还要高。然后用火焰将灌满水银的玻璃管的顶端封闭，当温度降低时水银开始收缩，于是在管内水银柱的上部出现一段真空。

温度计定标分度，首先要确定2个固定标点，作为永不改变的标记。将温度计液泡部分，插入一个标准大气压(101.325 kPa)下正在融解的冰块中，当水银柱下降至某一处稳定时，刻一记号作为下固定点，标0 ℃记号。然后将温度计的整体置于处在一个标准大气压下的水蒸气中，当水银柱上升停止在某一位置不动时，刻一记号作为上固定点，标100 ℃记号。这两个固定点的距离称为基本标距。此标距的长短与温度计的管径以及液泡的容积有关。将这段标距分成100等份，称百分温度计，又称摄氏温度计，每一等份即为1摄氏度。

水银温度计有一定缺点，因为玻璃管的内径不完全相同，尽管每个刻度之间的距离相等，但由于管的内径不同，每个刻度之间水银液柱的体积并不相等，因而会造成误差。

2. 酒精温度计

构造与水银温度计相同，但管内装有红色染料的酒精，便于观察。酒精的凝固点(−117 ℃)与沸点(78 ℃)决定了测量范围，多用于测低温。

（二）干湿球温度计

干湿球温度计有两支规格完全相同的玻璃液体温度计并列安置的温度表，一支为干球温度计，其测温玻璃泡暴露在空气中，用以测量气温，称“干球温度表”；另一支为湿球温度计，其测温玻璃泡用特制的纱布包裹起来，纱布的下部浸到一个带盖的水杯内。杯口距球部3 cm，杯中盛蒸馏水(只允许用医用蒸馏水)，供湿润湿球纱布用，称“湿球温度表”，如图1-14所示。测量时使纱布保持湿润，纱布中的水分不断向周围空气中蒸发并带走热量，使湿球温度下降。水分蒸发速率与周围空气含水量有关，空气湿度越低，水分蒸发速率越快，导致湿球温度越低。可见，空气湿度与干湿球温差之间存在某种函数关系。干湿球温度计就是利用这一现象，测量干球温度和湿球温度来确定空气温度的。

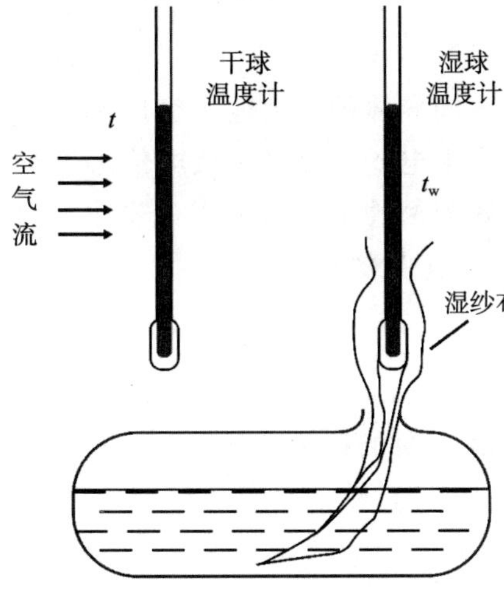

图1-14　干湿球温度表原理图

温度表读数时应注意：

(1)观测时必须保持视线和红色酒精柱(或水银柱)顶端齐平，避免视差。

(2)读数动作要迅速，力求敏捷，不要对着温度表呼吸，尽量缩短停留时间，并且勿使头、手和灯接近球部，以避免影响温度示度。

(3)注意复读，避免发生误读或颠倒零上、零下的差错。

维护措施：

(1)注意必须保持干湿球温度表的正常状态。如发现温度表内刻度磁板破损，毛细管内有水银滴、黑色沉淀的氧化物或水根柱中断等情况，应同时更换、报废。

(2)干球温度表应保持清洁、干燥。观测前巡视设备和仪器时，如发现干球上有灰尘或水，须立即用干净的软布轻轻拭去。

(3)湿球纱布必须保持清洁、柔软和湿润，一般应每周换一次。遇有沙尘等天气，湿球纱布上明显沾有灰尘时，应立即更换。在海岛、矿区或烟尘多的地方，湿球纱布容易被盐、油、烟尘等污染，应缩短更换纱布的期限。

(4)水杯中的蒸馏水要添满，保持洁净，一般每周更换一次。

(三)热电偶温度传感器

将温度变化转换为热电势变化的传感器称为热电偶传感器，热电偶传感器在温度测量中应用极为广泛。因为它具有结构简单、制造方便、测温范围宽、热惯性小、准确度高、输出信号便于远传的特点。

1. 热电偶工作原理

将两种不同性质的导体 A、B 组成闭合回路，如图 1-15 所示。若接点热端、冷端处于不同的温度($T \neq T_0$)时，两者之间将产生一热电势，在回路中形成一定大小的电流，这种现象称为热电效应。其电势由接触电势(珀尔帖电势)和温差电势(汤姆逊电势)两部分组成。

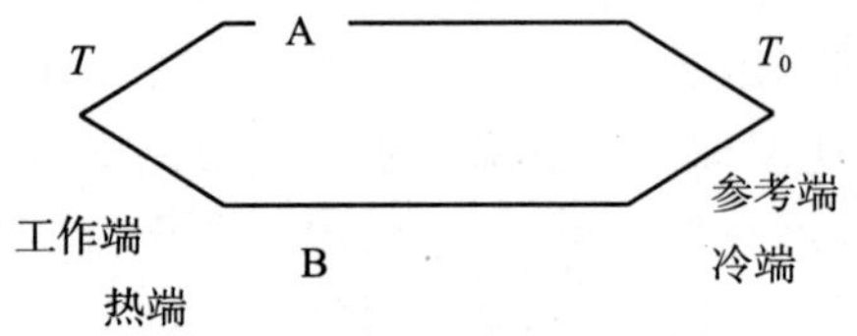

图 1-15 热电偶回路

(1)接触电势

当两种金属接触在一起时，由于不同导体的自由电子密度不同，在接点处就会发生电子迁移扩散。失去自由电子的金属呈正电位，得到自由电子的金属呈负电位。当扩散达到平衡时，在两种金属的接触处形成电势，称为接触电势。其大小除与两种金属的性质有关外，还与接点温度有关。

在温度为 T 时的接触电势：

$$e_{AB}(T)=\frac{kT}{e}\ln\frac{N_A}{N_B}$$

式中 $e_{AB}(T)$——A、B 两种金属在温度 T 时的接触电势；

k——波尔兹曼常数，$k=1.38\times10^{-23}$(J/K)；

e——电子电荷，$e=1.6\times10^{-19}$(C)；

N_A、N_B——金属 A、B 的自由电子密度；

T——结点处的绝对温度。

(2)温差电势

对于单一金属，如果两端的温度不同，则温度高端的自由电子向低端迁移，使单一金属两端产生不同的电位，形成电势，称为温差电势。其大小与金属材料的性质和两端的温差有关，可表示为：

$$e_A(T,T_0)=\int_{T_0}^{T}\sigma_A\,dT$$

式中 $e_A(T,T_0)$——金属 A 两端温度分别为 T 与 T_0 时的温差电势；

σ_A——温差系数；

T、T_0——高、低温端的绝对温度。

对于图 1-15 所示 A、B 两种导体构成的闭合回路，总的温差电势为：

$$e_A(T,T_0)-e_B(T,T_0)=\int_{T_0}^{T}(\sigma_A-\sigma_B)\mathrm{d}T$$

于是，回路的总热电势为：

$$e_{AB}(T,T_0)=e_{AB}(T)-e_{AB}(T_0)+\int_{T_0}^{T}(\sigma_A-\sigma_B)\mathrm{d}T$$

由此可以得出如下结论：

①如果热电偶两电极的材料相同，即 $N_A=N_B$，$\sigma_A=\sigma_B$，虽然两端温度不同，但闭合回路的总热电势仍为零。因此，热电偶必须用两种不同材料作热电极（均质导体定律）。

②如果热电偶两电极材料不同，而热电偶两端的温度相同，即 $T=T_0$，闭合回路中也不产生热电势。

③热电偶 AB 的热电动势与导体材料 A、B 的中间温度无关，而只与接点温度有关。

④热电偶 AB 在接点温度 T_1、T_3 的热电动势，等于热电偶在接点温度为 T_1、T_2 和 T_2、T_3 时的热电动势总和（中间温度定律）。

⑤在热电偶回路中接入第三种材料的导线，只要第三种导线的两端温度相同，第三种导线的引入不会影响热电偶的热电动势，这一性质称为中间导体定律。

根据上述原理，可以在热电偶回路中接入电位计 E，只要保证电位计与连接热电偶处的接点温度相等，就不会影响回路中原来的热电势，接入电位计的方式如图 1-16、图 1-17 所示。

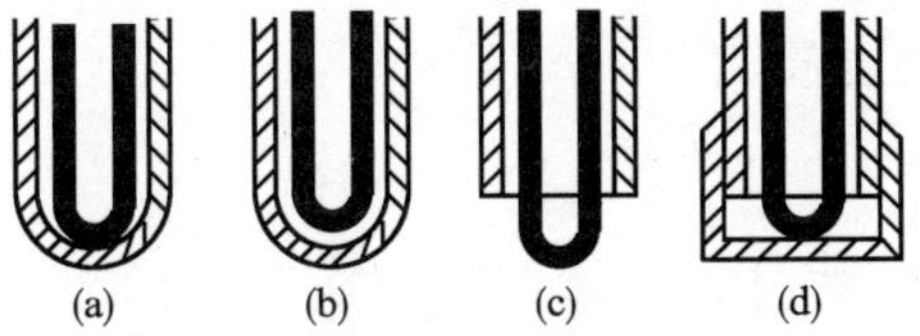

图 1-16　铠装热电偶结构示意图

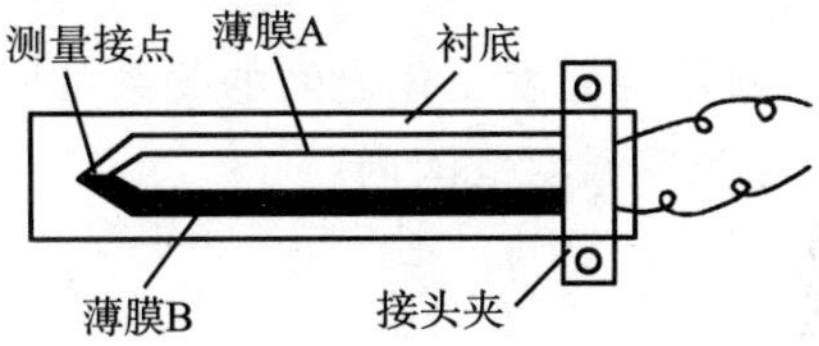

图 1-17　片状薄膜热电偶结构图

⑥当温度为 T_1、T_2 时，用导体 A、B 组成的热电偶的热电动势等于 AC 热电偶和 CB 热电偶的热电动势的和，即

$$E_{AB}(T_1,T_2)=E_{AC}(T_1,T_2)+E_{CB}(T_1,T_2)$$

表明参考电极 C 与各种电极配对时的总热电势为两电极 A、B 配对后的电势之差。利用该定律可大大简化热电偶选配工作，只要已知有关电极与标准电极配对的热电势，即可求出任何两种热电极配对的热电势而不需要测定。

导体 C 称为标准电极（一般由铂制成），故把这一性质称为标准电极定律。

2. 热电偶电极材料要求

为了保证在工程技术中应用可靠，并有足够的精确度，对热电偶电极材料有以下要求：

①在测温范围内，热电性质稳定，不随时间变化；

②在测温范围内，电极材料要有足够的物理化学稳定性，不易氧化或腐蚀；

③电阻温度系数要小，导电率要高；

④它们组成的热电偶，在测温中产生的电势要大，并希望这个热电势与温度成单值的线性或接近线性关系；

⑤材料复制性好，可制成标准分度，机械强度高，制造工艺简单，价格便宜。

最后还应强调一点，热电偶的热电特性仅取决于选用的热电极材料的特性，而与热极材料的直径、长度无关。

适于制作热电偶的材料有300多种，到目前为止，国际电工委员会已将其中7种推荐为标准化热电偶。

（四）热电阻传感器

将温度变化转换为电阻变化的称为热电阻传感器。热电阻传感器可分为金属热电阻式和半导体热电阻式两大类，前者简称热电阻，后者简称热敏电阻。

1. 热电阻材料的特点

热电阻材料必须具有以下特点：

①高温度系数、高电阻率。这样在同样条件下可加快反应速度，提高灵敏度，减小体积和重量。

②化学、物理性能稳定，以保证在使用温度范围内热电阻的测量准确性。

③良好的输出特性，即必须有线性的或者接近线性的输出。

④良好的工艺性，以便于批量生产、降低成本。

适宜制作热电阻的材料有铂、铜、铟、锰、碳、镍、铁等。铂、铜为应用最广的热电阻材料。虽然铁、镍的温度系数和电阻率均比铂、铜要高，但由于存在着不易提纯和非线性严重的缺点，因而用得不多。

2. 铂电阻

铂容易提纯，在高温和氧化性介质中化学、物理性能稳定，制成的铂电阻输出-输入特性接近线性，测量精度高。

铂电阻阻值与温度变化之间的关系可以近似用下式表示：

在0～660 ℃温度范围内：

$$R_t=R_0(1+At+Bt^2)$$

在－190～0 ℃温度范围内：

$$R_t=R_0[1+At+Bt^2+C(t-100)t^3]$$

式中 R_0、R_t——分别为0 ℃和 t ℃的电阻值；

A——常数（3.96847×10^{-3}/ ℃）；

B——常数（-5.847×10^{-7}/ ℃）；

C——常数（-4.22×10^{-12}/ ℃）。

铂电阻制成的温度计，除作温度标准外，还广泛应用于高精度的工业测量。由于铂为贵金属，一般在测量精度要求不高和测温范围较小时，均采用铜电阻。

3. 铜电阻

在－50～150 ℃范围内铜电阻化学、物理性能稳定，输出－输入特性接近线性，价格低廉。

铜电阻阻值与温度变化之间的关系可近似表示为：

$$R_t=R_0(1+\alpha t)$$

式中：α 为电阻温度系数，取值范围（4.25～4.28）$\times10^{-8}$/ ℃（铂的电阻温度系数在0～100 ℃的平均值为 3.9×10^{-8}/ ℃）。

电阻率小；当温度高于100 ℃时易被氧化，因此适用于温度较低和没有侵蚀性的介质中工作。

4. 其他热电阻

①铟电阻适宜在－269～－258 ℃温度范围内使用，测温精度高，灵敏度是铂电阻的 10 倍，但是复现性差。

②锰电阻适宜在－271～－210 ℃温度范围内使用，灵敏度高，但是质脆易损坏。

③碳电阻适宜在－273～－268.5 ℃温度范围内使用，热容量小，灵敏度高，价格低廉，操作简便，但是热稳定性较差。

（五）热敏电阻

热敏电阻是用半导体材料制成的热敏器件。相对于一般的金属热电阻而言，它主要有如下特点：

①电阻温度系数大，灵敏度高，比一般金属电阻高 10～100 倍。

②结构简单，体积小，可以测量点温度。

③电阻率高，热惯性小，适宜动态测量。

④阻值与温度变化呈非线性关系。

⑤稳定性和互换性较差。

大部分半导体热敏电阻是由各种氧化物按一定比例混合，经高温烧结而成的。多数热敏电阻具有负的温度系数，即当温度升高时，其电阻值下降，同时灵敏度也下降。由于这个原因，限制了它在高温下的使用。目前热敏电阻的使用上限温度约为 300 ℃。

图 1-18 为负温度系数热敏电阻的电阻-温度特性曲线，用如下经验公式描述：

$$R_T = A e^{\frac{B}{T}}$$

式中：R_T为温度为 T(K)时的电阻值；

A 为与热敏电阻的材料和几何尺寸有关的常数；

B 为热敏电阻常数。

若已知 T_1和 T_2时的电阻为 R_{T1}和 R_{T2}，则可通过公式求取 A、B 值，即：

$$A = R_{T_1} e^{\frac{B}{T_1}}$$

$$B = \frac{T_1 \cdot T_2}{T_2 - T_1} \ln \frac{R_{T_1}}{R_{T_2}}$$

由图 1-19 可知，①当流过热敏电阻的电流较小时，曲线呈直线状，服从欧姆定律。②当电流增加时，热敏电阻自身温度明显增加，由于负温度系数的关系，阻值下降，于是电压上升速度减慢，出现了非线性。③当电流继续增加时，热敏电阻自身温度上升更快，阻值大幅度下降，其减小速度超过电流增加速度，于是出现电压随电流增加而降低的现象。

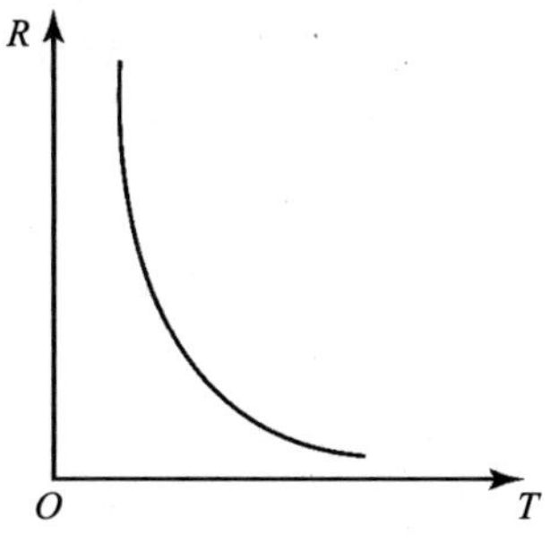

图 1-18　热敏电阻特性曲线

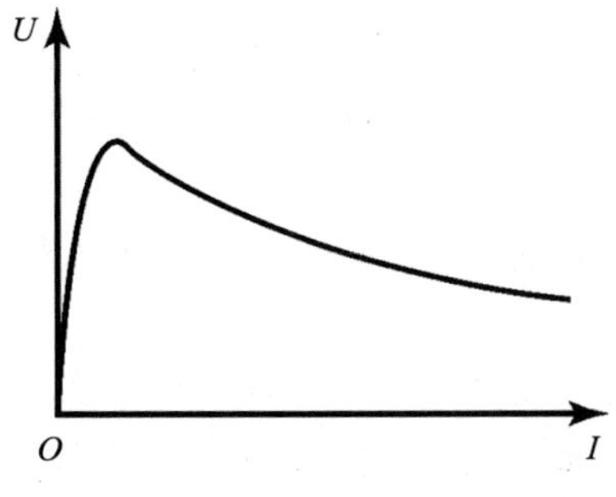

图 1-19　热敏电阻的伏安特性

由于热敏电阻特性的严重非线性，扩大测温范围和提高精度必须进行补偿校正。解决办法：串联或并联温度系数很小的金属电阻，使热敏电阻阻值在一定范围内成线性关系。图 1-20 介绍一种金属电阻与热敏电阻串联以实现非线性校正的方法。只要金属电阻 R_x 选得合适，在一定温度范围内可得到近似双曲线特性[图 1-20(b)]，即温度与电阻的倒数成线性关系，从而使温度与电流成线性关系[图 1-20(c)]。近年来已出现利用计算机实现较宽温度范围内线性化校正的方案。热敏电阻的主要用途见表 1-3。

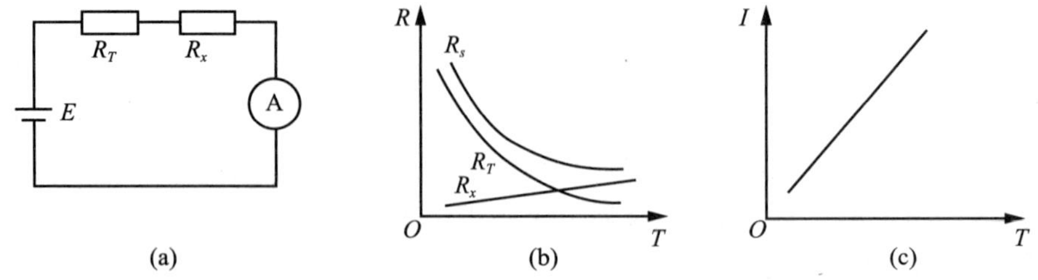

图 1-20　热敏电阻非线性校正

表 1-3　热敏电阻的主要用途

家用电器设备	电熨斗、电冰箱、电饭锅、洗衣机、电子炉灶、电暖壶、烘干机、电烤箱
住房设备	空调器、电热褥、电热地毯、太阳能系统、风取暖器、快速煮水器
汽车	电子喷油嘴、发动机防热装置、液位计、汽车空调器
测量仪器	流量计、风速表、真空计、浓度计、湿度计、环境污染监测仪
办公设备	复印机、传真机、打印机
农业、园艺	暖房培育、育苗、饲养、烟草干燥
医疗	体温计、人工透析、检查诊断

(六)辐射传感器

辐射温度传感器是依据物体辐射的能量来测量温度的仪器。

1. 红外辐射

红外线像其他电磁波一样遵循相同的物理定律：以光速传播，可被吸收、散射、反射、折射等，可用普朗克等辐射定律描述。

红外线的波长范围是 0.76～1000 μm，这个范围通常又被分为四个波段范围。近红外区：0.76～3 μm；中红外区：3～6 μm；远红外区：6～15 μm；极远红外区：15～1000 μm。大气有三个窗口：1～2.5 μm；3～5 μm；8～13 μm。这三个窗口分别位于近、中和远红外区内。各种红外仪器的工作波段，原则上都应选在这三个波段的窗口之内。

热辐射的现象极为普遍，任何物体，只要它的温度高于绝对零度(－273.15 ℃)，就有一部分热能变为辐射能，物体温度不同，辐射的波长组成成分不同，辐射能的大小也不同，该能量中包含可见光与不可见的红外线两部分。

红外辐射指的就是从可见光的红端到毫米波的宽广波长范围内的电磁波辐射，从光子角度看，它是低能量光子流。

红外检测通过接收物体发出的红外线(红外辐射)，将其热像显示在荧光屏上，从而准确判断物体表面的温度分布情况，具有准确、实时、快速等优点。任何物体由于其自身分子的运动，不停地向外辐射红外热能，从而在物体表面形成一定的温度场，俗称“热像”。

2. 红外探测器

(1)热探测器

热探测器在吸收红外辐射能后温度升高,引起某种物理性质的变化,这种变化与吸收的红外辐射形成一定的关系。常用的物理现象有温差热电现象、金属或半导体电阻阻值变化现象、热释电现象、气体压强变化现象、金属热膨胀现象等。因此,只要检测出上述变化即可确定被吸收的红外辐射能大小,从而得到被测非电量值。用这些物理现象制成的热电探测器,在理论上对一切波长的红外辐射具有相同的响应。但实际上仍存在差异,其响应速度取决于热探测器的热容量和热扩散率的大小。

①热电偶型。将热电偶置于环境温度下,将结点涂上黑层置于辐射中,可根据产生的热电动势测量入射辐射功率的大小。为提高探测率,通常采用热电堆型。

②气动型。气动型探测器是利用气体吸收红外辐射后,温度升高、体积增大的特性来反映红外辐射的强弱。

③热释电型。

(2)光子探测器

利用光子效应制成的探测器称为光电探测器。常用的光子效应有光电效应、光生伏特效应、光电磁效应、光电导效应。

热探测器与光子探测器差异:

①热探测器对各种波长都有响应,光子探测器只对一段波长区间有响应;

②热探测器不需要冷却,光子探测器多数需要冷却;

③热探测器响应时间比光子探测器长;

④热探测器性能与器件尺寸、形状、工艺等有关,光子探测器容易实现规格化。

3. 红外测试应用

主要有:辐射温度计;红外测温仪;红外热像仪。

(七)光纤温度传感器

工作原理如图 1-21 所示:利用半导体材料的能量隙随温度几乎成线性变化。敏感元件是一个半导体光吸收器,光纤用来传输信号。当光源的光以恒定的强度经光纤达到半导体薄片时,透过薄片的光强受温度的调制,透过光由光纤传送到探测器。温度 T 升高,半导体能带宽度 Eg 下降,材料吸收光波长向长波移动,半导体薄片透过的光强度变化。

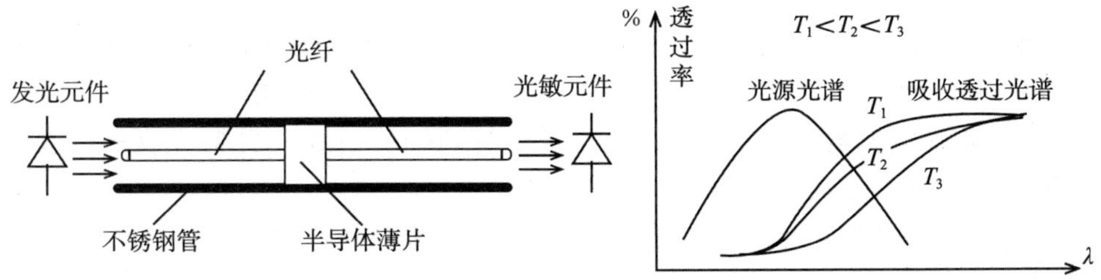

图 1-21　光纤温度传感器

二、材料准备

1. 温度检测设备,如玻璃温度计、干湿球温度计、温度传感器、红外测温仪。

2. 与本任务相关的各类材料。

任务实施

通过网络或到图书馆查阅资料，进一步了解温度传感器。

任务拓展

几种广泛使用的热电偶

1. 铂铑10-铂热电偶

由$\varphi=0.5$ mm的纯铂丝和相同直径的铂铑丝制成，用符号LB表示。铂铑丝为正极，纯铂丝为负极。这种热电偶可在1300 ℃以下范围内长期使用，短期可测1600 ℃高温。由于容易得到高纯度的铂和铂铑，故LB热电偶的复制精度和测量准确性高。LB热电偶的材料为贵金属，成本较高。它由纯铂丝和铂铑丝(铂90%、铑10%)制成。由于铂和铂铑能得到高纯度材料，故其复制精度和测量的准确性较高，可用于精密温度测量和基准热电偶，有较高的物理化学稳定性。主要缺点是热电势较弱，测量的温度正常在1000～1300 ℃时建议使用单铂铑热电偶(铂铑10-铂)，这样在所使用的温度范围内才能保证铂铑热电偶的使用寿命。

2. 镍铬-镍硅(镍铬-镍铝)热电偶

镍铬为正极，镍硅为负极，热偶丝直径为φ1.2～2.5 mm，用符号EU表示。EU热电偶化学稳定性较高，测量范围为−50～1312 ℃。其内。钨铼系热电偶是一种较好的超高温热电偶，其最高使用温度受绝缘材料的限制，一般可达2400 ℃，在真空中用裸丝测量时可用到更高的温度。它由镍铬与镍硅制成，化学稳定性较高，可用于900 ℃以下温度范围。复制性好，热电势大，线性好，价格便宜。虽然测量精度偏低，但基本上能满足工业测量的要求，是目前工业生产中最常见的一种热电偶。镍铬—镍铝和镍铬—镍硅两种热电偶的热电性质几乎完全一致。由于后者在抗氧化及热电势稳定性方面都有很大提高，因而逐渐代替前者。

3. 铂铑30-铂铑6热电偶

这种热电偶可以测1600 ℃以下的高温，其性能稳定，精确度高，但它产生的热电势小，价格高。由于其热电势在低温时极小，因而冷端在40 ℃以下范围时，对热电势值可以不必修正。

4. 镍铬-考铜热电偶

热电偶灵敏度高，价廉。测温范围在800 ℃以下。

5. 铜-康铜热电偶

铜-康铜热电偶的两种材料易于加工成漆包线，而且可以拉成细丝，因而可以做成极小的热电偶，时间常数很小为ms级。其测量低温性极好，可达−270 ℃。测温范围为−270～400 ℃，而且热电灵敏度也高。它是标准型热电偶中准确度最高的一种，在0～100 ℃范围可以达到0.05 ℃(对应热电势为2 μV左右)，它在医疗方面得到广泛的应用。

如前所述，各种热电偶都具有不同的优缺点。因此，在选用热电偶时应根据测温范围、测温状态和介质情况综合考虑。

任务评价

以小组为学习单位，按照项目、内容和标准进行评价。

评价项目	评价内容	评价标准
玻璃温度计的原理	概念的准确性、完整性	正确叙述概念，叙述不清扣分
干湿球温度计的使用	工作原理、使用注意	正确使用，使用错误扣分
温度记录仪的使用	掌握使用方法和注意问题	正确使用，使用错误扣分
红外测温仪的使用	掌握使用方法和注意问题	正确使用，使用错误扣分

任务巩固

1. 使用干湿球温度计要注意哪些问题？
2. 温室内常用的温度传感器有哪些？

工作任务2 | 温室内温度分布特性

任务描述

本任务通过温度检测数据分析温室内温度变化，让大家了解温室内温度分布特性。

任务目标

1. 温度场的概念；
2. 温室内温度分布特性。

素养目标

培养学生学农、爱农、兴农的责任意识，铸牢学生爱岗敬业精神和低碳环保的理念。

任务准备

一、知识准备

（一）温度场概念

温度场是指在各个时刻物体内各点温度分布的总称。由傅里叶定律知：物体导热热流量与温度变化率有关，所以研究物体导热会涉及物体的温度分布。一般地，物体的温度分布是坐标和时间的函数。即：

$$t=f(x,y,z,\tau)$$

式中：x,y,z 为空间坐标；

τ 为时间坐标。

（二）温度场分类

（1）稳态温度场（定常温度场）

是指在稳态条件下物体各点的温度分布不随时间的改变而变化的温度场，其表达式为 $t=f(x,y,z)$。

(2)非稳态温度场(非定常温度场)

是指在变动工作条件下,物体中各点的温度分布随时间而变化的温度场,其表达式为 $t=f(x,y,z,\tau)$。

若物体温度仅一个方向有变化,这种情况下的温度场称为一维温度场。

(三)等温面及等温线

1. 等温面

对于三维温度场中同一瞬间同温度各点连成的面称为等温面。

2. 等温线

(1)定义

在任何一个二维的截面上等温面表现为等温线。

一般情况下,温度场用等温面图和等温线图表示,如图 1-22 所示。

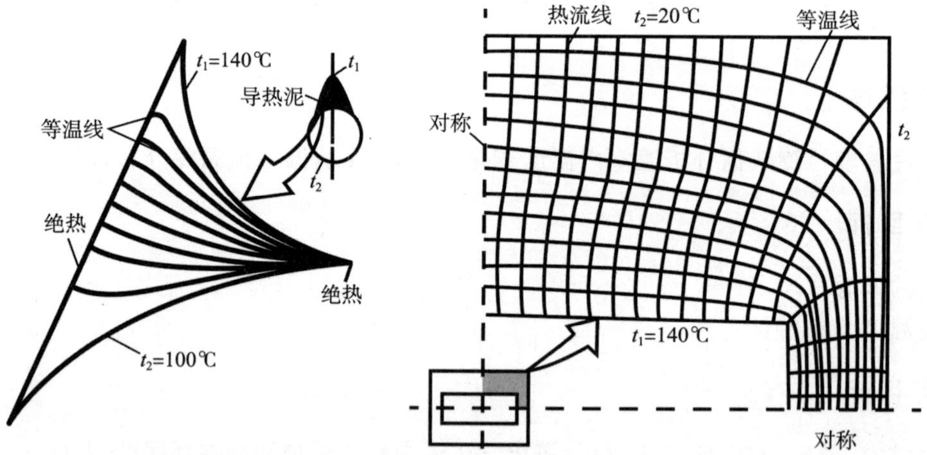

(a) 等温线图　　(b) 等温面图

图 1-22　温度场图示

(2)等温线的特点

物体中的任何一条等温线要么形成一个封闭的曲线,要么终止在物体表面上,它不会与另一条等温线相交。

(3)等温线图的物理意义

若每条等温线间的温度间隔相等,等温线的疏密可反映出不同区域导热热流密度的大小。若 Δt 相等,等温线越疏,则该区域热流密度越小;反之,越大。

(四)温室内温度分布

温室内由于受空间、接收的太阳辐射量和其他热辐射量大小以及受外界低温影响等程度的不同,温度分布也不相同。

辐射是放射能量的方式,一切物质以电磁波的形式向周围空间放射的能量称为辐射能。太阳表面的温度高达 6000 ℃,其内部温度高达 2000 万℃以上,所以太阳不断向周围星际空间放射的光热巨流称为太阳辐射。太阳辐射强度是以垂直阳光下的 1 cm^2 黑色表面在 1 min 内吸收全部投射于其上的太阳辐射能来测定的。太阳辐射强度的单位是 cal/(cm^2 · min)(1 cal =4.1840 J)。太阳常数 S_0 约为 1.95 cal/(cm^2 · min)。因为大气是不透明介质,所以地球表面所呈现的太阳辐射强度小于1.95 cal/

$(cm^2 \cdot min)$。

温室接收太阳辐射强度与日地距离和太阳高度有关。太阳高度(太阳光线的入射角)在0°～90°变化。太阳位于天顶(太阳垂直于地面)时,每单位面积的辐射强度最大。太阳高度越小,太阳光线射在地面上所分布的面积就越大,其强度就越小。如图1-23,太阳高度角为h,则$AC=AB\sin h$,太阳辐射强度随着纬度的增高而减弱。

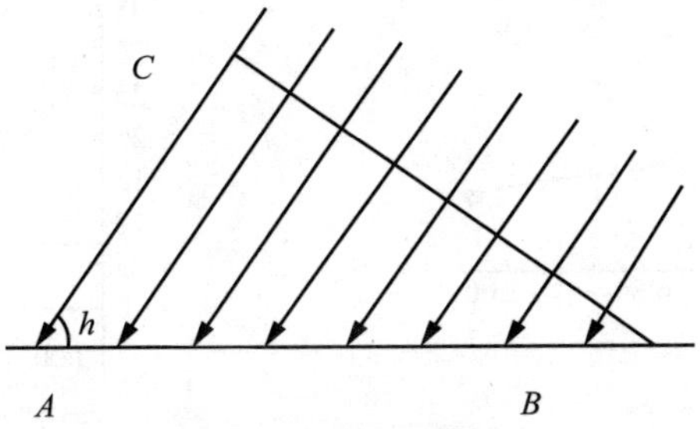

图1-23　太阳高度角

垂直方向上,白天一般由下向上,气温逐渐升高,夜间温度分布正好相反。水平方向上,白天一般南部接受光照较多,地面温度最高;夜间不加温设施内温度分布一般是中部温度高于四周,加温设施内温度分布一般是热源附近高于四周。

温室在没有人工加温的前提下,温室内获得、积累太阳辐射能,让温室内气温高于外界温度,这就是温室效应。其形成的主要原因是温室透明覆盖材料对光热辐射具有选择透过的特性,允许大部分太阳辐射透过进入温室内部,同时阻止室内的长波辐射散射出温室外。如玻璃对太阳辐射的透射率达到90%左右,对地面长波辐射的透射率仅为6%左右,因此太阳短波辐射能大量进入玻璃温室内被地面或作物吸收,而地面和作物的长波辐射却很少能向外投射,因此太阳辐射热蓄积在温室内,使温室内温度升高。另外,温室为半封闭空间,内外热量交换较少,蓄积的热量不易散失,也是形成温室效应的原因之一。

一日内,温室南部的温度日变化幅度、温差较大,这对培育壮苗、防止徒长十分有利,但是在高温、强光照射时期,如果通风不良、降温不及时,中午前后也容易因温度偏高而对作物造成高温危害;冬季如果保温措施跟不上,容易因温度偏低使作物遭受冻害。因此,在温室的温度管理上,要特别注意对南部温度的管理。温室北部的空间最大,容热量也大,再加上北部屋面的坡度小,昼夜温差也较小,一般不会发生温度障碍,但作物生长不壮,易形成弱苗、早衰。温室中部的空间大小及白天的透光量介于南部和北部之间,所以白天的升温幅度也介于两者之间,但由于远离外部,夜间的降温较慢,因此夜温最高。

塑料大棚内不同位置的温度也稍有差别,日出后棚体接受日光,由东侧开始,逐渐转向南侧和棚顶,再转向西侧,所以,上午棚东侧温度较高,中午棚顶和南侧高,下午西侧稍高。棚内上下部温度,白天棚顶一般高于底部和地面3～4 ℃,而夜间正相反,土壤深层高于地表2～4 ℃,地表高于中部和顶部1～2 ℃,接近棚底四周终日温度较低。根据大棚的增温、保温特点,为避免大棚四周冬春和秋延后栽培保温性能不均,应采用适当的保温措施。塑料大棚面积越小,温度分布越不均匀。

(五)温室内温度的一般变化规律

1. 气温

(1)日变化规律

温室内的日较差大小因大小、保温措施、气候等的不同而异。一般大型温室的温度变化比较缓慢,日较差较小;小型温室的空间小,热缓冲能力比较弱,温度变化剧烈,日较差较大。据调查,在密闭情况下,小拱棚春天的最高气温可达50 ℃,大棚只有40 ℃左右;在外界温度10 ℃时,大棚的日较差约为30 ℃,小拱棚却高达40 ℃。

春季不加温温室气温每日最高与最低气温出现的时间略迟于露地，室内日温差显著大于露地。节能型日光温室，由于采光、保温性能好，冬季日温差高达 15～30 ℃，在北纬 40°左右地区不加温条件下能生产黄瓜等喜温蔬菜。一日中，温室内的最高温度一般出现在 13:00—14:00，最低温度出现在日出前或保温覆盖物揭起前，如图 1-24 所示。

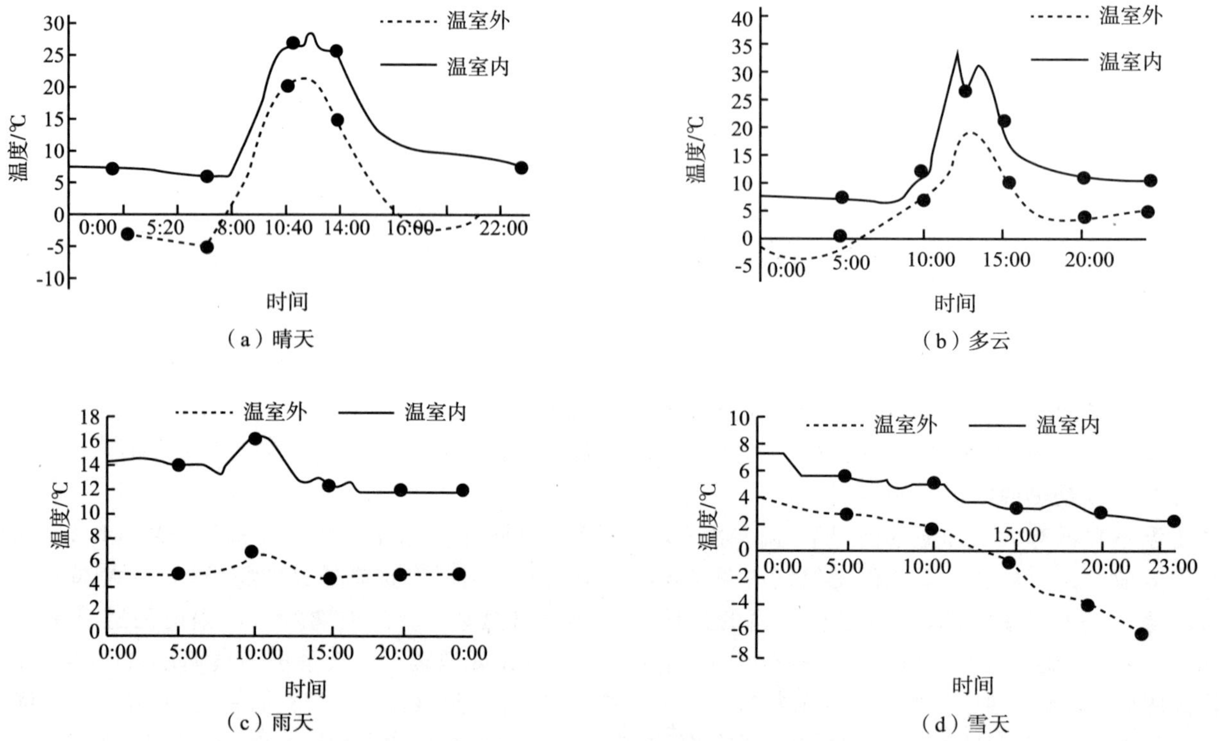

图 1-24　4 种天气条件下日光温室内外温度的日变化

小型温室由于温度变化剧烈，夜间温度下降较快，有时夜间气温甚至低于露地气温，出现棚温逆转的现象，称为温室内“逆温”现象。该现象多发生于有微风、晴朗的夜间。这是因为在晴朗的夜晚，地面和棚内有效辐射较大(地面有效辐射＝地面辐射－大气逆辐射)，棚内土壤由于白天积蓄的热量小，气温下降后，得不到足够的热量补充，温度下降迅速；露地由于有空气流动带来热量补充，温度下降相对缓慢，从而出现棚内温度低于棚外的温度逆转现象。用保温性能差的聚乙烯薄膜覆盖时更容易发生此现象。夜间对温室加保温覆盖后，温室的日较差变小。晴天的日较差大于阴天。

(2)季节变化规律

温室或大棚的气温因受外界气温的影响，存在明显的四季变化。在高纬度地区，冬季天数明显减少，夏季天数明显增长。温室内温度受外界温度的季节性变化影响很大。低温期在不加温情况下，温度往往偏低，一般当外界温度下降到－3 ℃左右时，塑料大棚内不能栽培喜温性作物，当温度下降到－15 ℃以下时，日光温室不能正常栽培喜温性作物。塑料大棚冬季天数比露地缩短 50 d 左右，春秋季天数比露地增长 20 d 左右，夏季天数增长很少。所以，塑料大棚只能进行春提早和秋延后作物栽培。日光温室内的冬季天数可比露地缩短 3～5 个月，夏季可延长 2～3 个月，春秋季也可延长 20～30 d，日光温室晚春、早秋和夏季，设施内的温度往往偏高，需要采取降温措施，防高温。保温性能好的高效节能型日光温室(室内温差保持在 30 ℃左右)，即使在北纬 41°地区，可以四季生产蔬菜等作物。

2. 地温

(1)日变化规律

一日内，温室内的地温是随着气温的变化而发生变化。一般而言，一日中最高地温一般比最高气温晚出现 2 h 左右，最低地温值较最低气温也晚出现 2 h 左右。一日中，地温的变化幅度比较小，特别是夜间的地温下降幅度比较小。

(2)季节性变化规律

冬季温室内的温度偏低，地温也较低。以改良型日光温室为例，一般冬季晴天温室内 10 cm 地温为 10～23 ℃，阴天时的最低温度低于 8 ℃。春季以后，气温升高，地温也随着升高。

(3)地温与气温的关系

温室内的气温与地温表现为“互利关系”，即气温升高时，土壤从空气中吸收热量，地温升高；当气温下降时，土壤则向空气中放热来保持气温。低温期提高地温，能够弥补气温偏低的不足，一般地温提高 1 ℃，对作物生长的促进作用，相当于提高 2～3 ℃气温的效果。

二、材料准备

1. 当地温室及温度检测设备；
2. 与本任务相关的各类材料。

任务实施

通过网络或到图书馆查阅资料，进一步了解温室温度的分布及变化。

任务拓展

日光温室温度分布

日光温室内各部位的地温是有差异的。因为地温的升高是接收太阳光的结果，光照的分布不同，接收太阳光的强度和时间不同，受外界冻土层影响不同，造成不同部位地温的差异。从 5 cm 的地温来看，中部地带最高，由南向北递减。后屋面下的地温稍低于中部，高于前沿地带。东西方向上差异不大，靠门处温度变化大，东西山墙内侧地温最低。

地表温度在南北方向上变化比较明显，但是晴天和阴天表现不同，白天和夜间也不一致。晴天的白天中柱前最高，由南向北递减；夜间后屋面下最高，向南递减；阴天和夜间地温变化的梯度较小。

土壤温度的垂直分布与外界明显不同，在室外 0～50 cm 的地温随深度增加而增加，越深温度越高，不论晴天、阴天。日光温室里晴天上层地温高，下层温度低，阴天特别是连阴天，下层温度高。地温的垂直分布白天与夜间不同，晴天的白天地表 0 cm 温度最高，随深度的增加递减，13:00 达到最高；夜间以 10 cm 深处最高，向上向下递减。20 cm 深处地温白天与黑夜相差不大。阴天时 20 cm 深处温度最高。日光温室土壤提高温度的有效措施是深翻、增施有机肥，改善 20 cm 深土层吸热和贮热能力。

任务评价

以小组为学习单位，按照项目、内容和标准进行评价。

评价项目	评价内容	评价标准
温度场概念	概念的准确性、完整性	正确叙述概念，叙述不清扣分
温室内温度分布	温室温度分布规律	正确分析实验，总结分布规律
温室内温度变化规律	温室和塑料大棚的温度变化规律	正确叙述温室实例，叙述不清扣分

任务巩固

1. 什么是温度场？
2. 温室内温度分布有什么规律？
3. 温室内温度变化有什么规律？

温室温度场的变化

模块三　温室温度调控措施

工作任务1　温室温度调控措施

任务描述

温室温度环境控制就是通过一定的工程措施，将温度维持在作物生长需要的水平，或者通过调节温度使作物按照市场需求按时采收上市，并通过补偿其他环境因子如光照、CO_2浓度等，达到优质高产的目的。

本任务通过介绍温室的温度调控措施，帮助大家掌握调控温室温度的方法。

任务目标

1. 了解温室温度调控措施；
2. 掌握温室温度调控的方法。

温室温度调控措施

素养目标

培养学生学农、爱农、兴农的责任意识，铸牢学生爱岗敬业精神和低碳环保的理念。

任务准备

一、知识准备

温室管理的目的是维持作物生长发育过程的动态适温、温度的空间均匀分布与时间变化平稳。园艺设施内温度的调节和控制包括加温、保温和降温三个方面。

（一）加温

随着外界气温的下降，用人工加温的方法补充温室内放出的热量，可以使其内部维持一定的温度。我国北方地区，在严寒的冬季为了维持温室内一定的温度水平，保证作物的正常生育，需进行补充加温，尤其是不能进行外覆盖保护的大型现代化温室，需全程加温。为了温室内的作物正常生长发育，节省能源、降低成本和提高经济效益，在加温设计上必须满足如下要求：加温设备的容量应经常保持室内的设定温度（地温、气温）；设备和加温费要尽量低；温室内温度空间分布均匀，时间变化平稳；遮荫少，占地少，便于栽培作业。

各种园艺植物均对温度的生育下限有要求，因此，室内设计温度常以不低于生育下限温度为准。对于室外设计气温，多采用数年一遇的低温，或用当地近30年中4年连续最低气温的平均值。

加温主要依靠增加透光量和人工加温来完成。增加透光量的具体做法见项目三模块三中增加光照的措施部分。人工加温的方法主要有以下几种。

1. 火炉加温

用炉筒或烟道散热，将烟排出设施外。主要燃烧无烟煤，通过炉筒或烟道的热辐射作用提高室内气温。该法结构简单、成本较低，多用于简易温室及小型加温温室，但其预热时间较长，难以控制，费工费力。加温条件下，平均室温 20～30 ℃，平均地温 15～20 ℃。

2. 水暖锅炉采暖加温

用煤火加温烧开热水，热水由锅炉流出，通过铁管道散热，水温逐渐下降，最后以低温热水自动进入锅炉，又经过继续加温将温水烧开，往复循环。此法加温均匀性好，但费用较高，主要用于玻璃温室以及其他大型温室和连栋塑料大棚。一般情况下可增温 10 ℃左右。

3. 热风炉加温

用带孔的送风管道将热风送入设施内，加温快，也比较均匀，主要用于连栋温室或连栋塑料大棚。从设备费用来看，热风炉采暖比水暖锅炉采暖更为经济划算。暖风炉设置在温室大棚内时，要注意补充室内新鲜空气，用于供给热风炉燃烧所用的空气量，每送出 10000 J 热量每小时约需要 4.78 m^3 的空气。对于需要较高采暖温度的作物，用热风采暖时产量和品质不如用热水采暖好。

4. 明火加温

在设施内直接点燃干木材、树枝等易于燃烧且生烟少的燃料，进行加温。加温成本低，升温也比较快，但容易发生烟害。该法对燃烧材料、时间的要求比较严格，主要作为临时应急加温措施，用于日光温室以及普通大棚中。

5. 火盆加温

用火盆盛烧透了的木炭、煤炭等，将火盆均匀排入设施内或来回移动火盆进行加温。方法简单，容易操作，生烟少，不易发生烟害，但加温能力有限，主要用于育苗床以及小型温室或大棚的临时性加温。

6. 电加温

主要使用电炉、电暖器以及电热线等利用电能对设施进行加温，具有加温快，无污染且温度易于控制等优点，但也存在着加温成本高、受电源限制较大以及易漏电等一系列问题，主要用于小型设施的临时性加温和育苗床的加温。

(二)保温

温室内散热有 3 种途径：覆盖材料的维护结构(墙体、透明屋面)传热；缝隙漏风的换气传热；与土壤热交换的地中传热。这三种传热量分别占总散热量的 70%～80%，10%～20%和 10%以下。温室散热使单层不加温温室和塑料大棚的保温能力比较差。即使温室密闭性很好，其夜间气温最多也只比外界气温高 2～3 ℃。在有风的晴夜，还会出现室内气温低于外界气温的逆温现象。在生产实践中，采用保温措施可以有效地降低温室的热损失，提高温室温度，节约能源。温室保温技术应用非常广泛，常采取如下措施进行保温。

1. 增强温室的保温能力

温室的保温结构要合理，场地安排、方位与布局等也要符合保温要求。如适当降低园艺设施的高度，缩小夜间保护设施的散热面积，有利于提高温室内昼夜的气温和地温。

2. 用保温性能优良的材料覆盖保温

如覆盖保温性能好的塑料薄膜；覆盖编织密、干燥、疏松、厚度适中的草苫等。

3. 减少缝隙散热

温室密封要严实，薄膜破孔以及墙体的裂缝等要及时粘补和堵塞严实。通风口和门关闭要严，门的内、外两侧应张挂保湿帘。

4. 减少通风换气量

减少通风换气量有利于保温。

5. 多层覆盖

多层覆盖材料主要有塑料薄膜、草苫、纸被、无纺布等。

(1)塑料薄膜

覆盖形式主要有地面覆盖、小拱棚、保温幕以及覆盖在棚膜或草苫上的浮膜等。一般覆盖一层薄膜可提高温度 2～3 ℃。

(2)草苫

覆盖一层草苫通常能提高温度 5～6 ℃。生产上多覆盖单层草苫,较少覆盖双层草苫。必须增加草苫时,也多采取加厚草苫法来代替双层草苫。不覆盖双层草苫的主要原因是便于草苫管理,草苫数量越多,管理越不方便,特别是不利于自动卷放草苫。

(3)纸被

多用作临时保温覆盖或辅助覆盖,覆盖在棚膜上或草苫下。一般覆盖一层纸被能提高温度 3～5 ℃。

(4)无纺布

主要用作保温幕或直接覆盖在棚膜上、草苫下。

6. 在温室的四周设立风障

一般多于温室的北部和西北部设风障,多风地区设风障的保温效果较为明显。

7. 保持较高地温

主要措施有以下几种。

(1)覆盖地膜

最好覆盖透光率较高的无滴地膜,以保持土壤当中蓄积下来的热量。

(2)合理浇水

低温期应于晴天上午浇水,不在阴雪天及下午浇水。一般当 10 cm 地温低于 10 ℃时不得浇水,低于 15 ℃要慎重浇水,只有 20 ℃以上时浇水才安全。另外,低温期要尽量浇预热的温水或温度较高的地下水,不浇冷凉水;要浇小水、暗水,不浇大水、明水。

(3)挖防寒沟

在温室的四周挖宽 30 cm 左右,深与当地冻土层相当的沟,内填干草或稻壳,上用塑料薄膜封盖,减少温室内的土壤热量散失,可使温室内四周 5 cm 地温增加 4 ℃左右。单屋面温室多在南侧挖防寒沟。

(三)降温

我国多数地区夏季气候炎热,长江流域及其以南地区,7、8 月平均气温可达 28 ℃以上,每年最高气温≥30 ℃日数平均在 60 d 以上,最高气温≥35 ℃的酷热天气日数平均在 15 d 以上。在黄河流域及其以北不少地区 7、8 月平均气温可达 25 ℃以上,每年最高气温≥30 ℃日数平均在 50 d 以上。因此温室夏季生产如何降温是我国温室需解决的突出问题。

温室内的降温最简单的途径是遮阳和通风,但在温度过高时,依靠自然通风和机械通风,室内气温降至接近室外气温水平,不能满足园艺作物生育要求,必须进行人工降温。常见降温方法有以下几种。

1. 遮光降温法

遮光 20%～30%时,室温相应可降低 4～6 ℃。在与温室大棚屋顶部相距 40 cm 左右处张挂遮光幕,对温室降温很有效。考虑塑料制品的耐候性,一般塑料遮阳网都做成黑色或墨绿色,也有的做成银灰色。室内用的白色无纺布保温幕透光率70%左右，也可兼做遮光幕用，可降低棚温2～3 ℃。在室内挂遮光幕，降温效果比挂在室外差。

2. 屋面流水降温法

流水层可吸收投射到屋面的太阳辐射8%左右，并能用水吸热冷却屋面，室温可降低3～4 ℃。采用此方法时需考虑安装费和清除玻璃表面的水垢污染问题。水质硬的地区需对水质作软化处理再用。

3. 蒸发冷却法

指空气先经过水的蒸发冷却降温后再送入室内，达到降温目的。主要措施有以下几种。

(1)湿垫排风法

在温室进风口内设10 cm厚的纸垫窗或棕毛垫窗，不断用水将其淋湿，温室另一端用排风扇抽风，使进入室内空气先通过湿垫窗被冷却再进入室内。但冷风通过室内距离过长时，室温分布常常不均匀，而且外界湿度大时降温效果差。

(2)细雾降温法

在室内高处喷直径小于0.05 mm的浮游性细雾，用强制通风气流使细雾蒸发达到全室降温，喷雾适当时可均匀降温。

(3)屋顶喷雾法

在整个屋顶外面不断喷雾湿润，使屋面下冷却了的空气向下对流，其降温效果不如通风换气与蒸发冷却相配合的好。

(1)和(3)法水质不好时，蒸发后留下的水垢会堵塞喷头和湿垫，需作水质处理，水质未处理时纸质湿垫会因严重积垢而失效。

4. 强制通风降温

大型连栋温室因容积大，需利用强制通风系统进行通风降温。在温室内的侧窗装上排风扇，可将电能或机械能转化为风能，强迫空气流动，降低室内温度，一般与室外温差能达到5 ℃左右。

二、材料准备

1. 当地温室配有降温系统；
2. 与本任务相关的各类材料。

任务实施

通过网络或到图书馆查阅资料，进一步了解温室温度调控方法。

任务拓展

自然通风

自然通风是依靠温室内外的温度差产生的热压或外界自然风力产生的风压促使气流流动。日光温室和塑料大棚中多采用这种通风方式。自然通风系统投资成本低，不消耗动力，运行费用低。大型连栋温室一般也设置有自然通风系统，并在运行管理中优先启用，但自然通风系统效果有限，并且通风效果受温室所处位置、地势及室外气候风向、风速等因素影响。

1. 热压作用下自然通风

热压通风利用温室内外气温不同而形成空气压力差促使空气流动。温室的上部和下部都开设通风窗，当室内气温高于室外，室内空气密度小于室外，在室内空气浮力作用下，空气将向上流动，形成下部通风口内部空气压力低于外部，空气从室外向室内流动，上部通风窗口内部空气压力高于外部，空气从室内向外流动，这种上、下窗口的内外压力差即为热压，如图 1-25 所示。

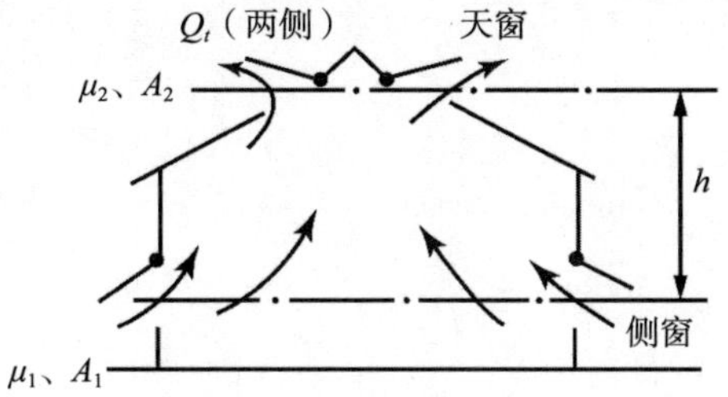

图 1-25　热压通风

2. 风压作用下的自然通风

室外自然风经过建筑物时，气流将发生绕流，在建筑物四周呈现变化的空气压力。在迎风面气流受阻，形成滞流区，流速降低，静压升高；而在侧面和背风面气流流速增大并产生涡流，静压降低。外部空气将从迎风墙面上的开口处进入室内，从侧面或背风面开口处流出，如图 1-26 所示。自然通风系统一般主要考虑热压通风的作用进行配置，但依靠风压的通风效果是不稳定的，受到地形、附近建筑物及树木等障碍物的影响，需要适当考虑和利用风压作用。

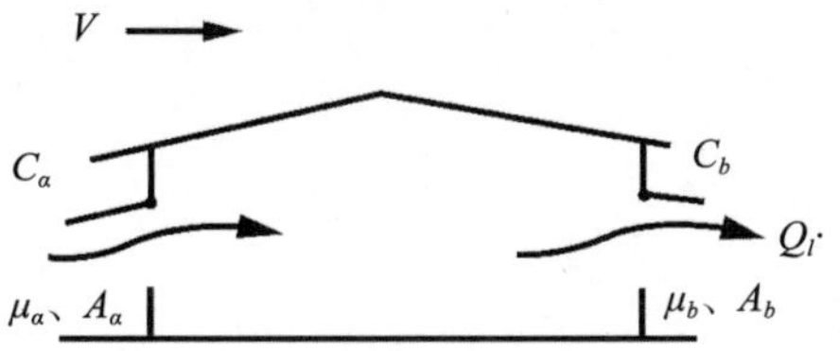

图 1-26　风压通风

3. 自然通风系统的布置

自然通风系统为保证热压通风效果，一般在侧墙偏下部设置进风窗口，屋面上设置排风天窗，尽可能加大通风窗间高差。多设置屋脊天窗，但塑料薄膜温室从减少屋面薄膜接缝和方便开窗机构布置等考虑较多设置谷间天窗。为获得较大的通风窗口面积，侧窗和天窗较多采用通长设置的方式。塑料薄膜温室通常采用卷帘式通风窗，通风面积大，且开闭的卷膜机构较简单，造价低廉。为使风压与热压通风的效果叠加，避免相互抵消，通风窗的设置尽可能使风压和热压通风的气流方向一致，如使天窗排风方向位于当地主导风向的下风方向，避免风从天窗处倒灌。如果屋脊天窗对两侧窗口的开闭分别控制，可以适应不同的风向。

任务评价

以小组为学习单位，按照项目、内容和标准进行评价。

评价项目	评价内容	评价标准
温度调控目的	概念的准确性、完整性	正确叙述概念，叙述不清扣分
温度调控三个方面	要求准确性	正确叙述概念，叙述不清扣分
温室温度调控方法	概念的准确性、实例	正确叙述实例，叙述不清扣分

任务巩固

1. 温室调控的方法有哪些？
2. 温室降温的方法有哪些？

模块四　温室温度调控设备

工作任务1　湿帘风机降温系统使用和维护

任务描述

湿帘风机降温是温室降温中最广泛使用的方式之一，这个任务通过介绍湿帘风机降温系统，了解蒸发降温工作原理，掌握温室湿帘风机降温系统工作过程。

任务目标

1. 了解蒸发降温原理；
2. 掌握湿帘风机降温系统的工作过程。

温度执行机构使用

素养目标

培养学生学农、爱农、兴农的责任意识，铸牢学生爱岗敬业精神和低碳环保的理念。

任务准备

一、知识准备

（一）湿帘风机概述

人工降温技术有机械制冷、冷水降温和蒸发降温。机械制冷利用压缩制冷设备进行制冷，其优点是制冷量大，同时还可除湿，但设备费用和运行费用很高，在温室中一般不采用。冷水降温利用低于空气温度的冷水与空气接触进行热交换，降低空气的温度需要消耗大量低温水，除当地有丰富的可利用的低温地下水情况外，一般不宜采用。温室夏季最有效的降温技术是蒸发降温的湿帘风机降温系统。

湿帘风机又叫水蒸发节能环保空调机，是一种新型节能环保冷气机。湿帘风机由表面积很大的特种纤维波纹蜂窝状湿帘纸、水循环系统、送风机（即正压送风）、浮球阀补水装置、机壳及电器元件等组成，具有降温效果明显（降温幅度在南方地区可达 3～8 ℃，北方地区可达 8～15 ℃）、节能环保（耗电量只有传统空调的 1/6，无氟利昂冷媒无污染）、空气新鲜（良好的过滤性能）、安装简单、运行可靠等优点，可直接输送自然风及降温后的凉风。

湿帘别名水帘，呈蜂窝结构，由原纸加工生产而成，也可用木材刨花、塑料、纤维纺织物等多孔疏松的材料制成，但多数用的是特殊处理的波纹状湿强纸，层层交错黏结成蜂窝状并切割成厚板形状。其生产流程大概为上浆、烘干、压制瓦楞、定型、上胶、固化、切片、修磨、去味等。在国内，通常有波高 5 mm、7 mm 和 9 mm 三种，波纹为 60°×30°交错对置、45°×45°交错对置。优质湿帘采用新一代高分子材料与空间交联技术而成，具有高吸水、高耐水、抗霉变、使用寿命长等优点。而且蒸发比表面积大，降温效率达 80%以上，不含表面活性剂，自然吸水，扩散速度快，效能持久。一滴水 4～5 s 即可扩散完毕。国际同行业标准自然吸水为 60～70 mm/5 min 或 200 mm/1.5 h。优质湿帘还不含易使皮肤过敏的苯酚等化学物质，安装使用时对人体无毒无害，绿色、安全、节能、环保、经济。

湿帘竖直放置在设施的进风口，水从上部淋下来保持纸表面湿润，空气从中通过时，被纸表面水分蒸发吸热而降温。未蒸发的多余的水分从湿垫下部排出到水池，再由水泵重新送达湿垫顶部喷淋，如图 1-27 所示。波纹纸湿垫通风阻力小，蒸发表面大，降温效率高，工作稳定可靠，安装简便。一般当湿垫厚度 100～150 mm，过垫风速 12 m/s 时，降温效率为 70%～90%，通风阻力为 10～60 Pa。目前国内有多家生产厂批量生产提供使用。

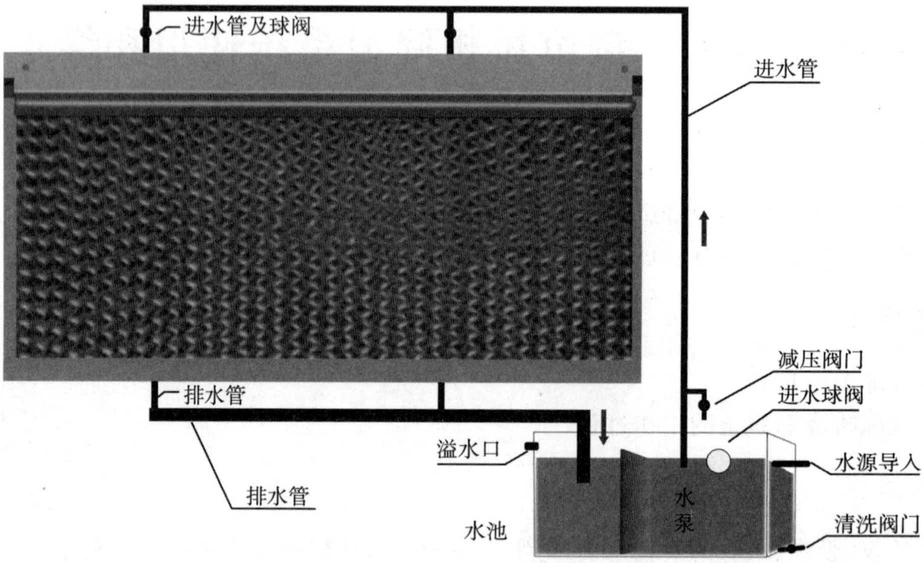

图 1-27　湿帘水循环系统

(二)湿帘风机降温原理

湿帘降温主要利用水蒸发过程中水吸收空气中的热量，使空气温度下降。在实际中与负压风机配套使用，湿帘装在密闭房舍一端山墙或侧墙上，风机装在另一端山墙或侧墙上，降温如图 1-28 所示。风机抽出室内空气，产生负压迫使室外的空气流经多孔湿润湿帘表面，使空气中大量热量进行转化处理从而迫使进入室内的空气降低 10～15 ℃，并不断地引入室内进行防暑降温。

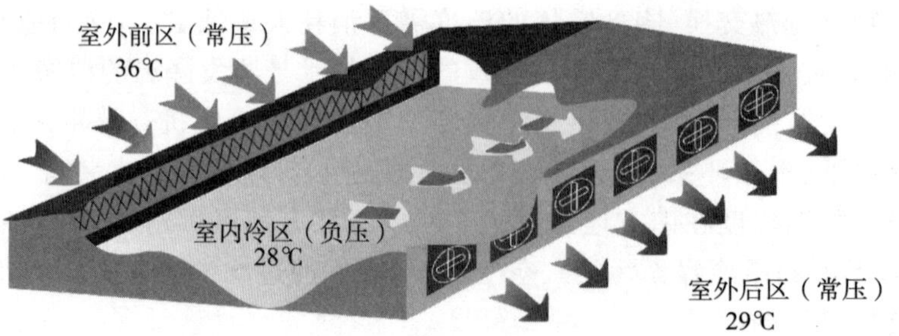

图 1-28　湿帘风机布置

当风机运行时进入腔内产生负压，使机外空气流过多孔湿润的湿帘表面迫使过帘空气的干球温度降至接近于机外空气的湿球温度，即冷风机出口的干球温度比室外干球温度低 5～12 ℃(干热地区可达

15 ℃)，空气越干热，其温差越大，降温效果越好。由于空气始终是从室外引进室内(这时候叫正压系统)，所以能保持室内空气的新鲜；同时由于该机利用蒸发降温原理，因此具有降温和增湿的双重功能(相对湿度可达75%左右)。湿帘冷风机的四周装有使用特种材料的蜂窝状湿帘，具有很大的表面积，通过水循环系统对湿帘不断增湿；在湿帘冷风机内装有高效低噪节能风机，当风机运行时，湿帘冷风机产生的负压，使机外空气流经多孔湿润的湿帘进入机内，由于湿帘上的水蒸发吸收热量，迫使流经湿帘的空气降温。同时由于湿帘上的水向流经湿帘的空气蒸发，增大了空气的湿度，因此湿帘冷风机具有降温增湿的双重功能。

我国北方地区气候干燥，在室外气温较高时，相对湿度为40%～50%甚至更低，一般夏季空调室外计算湿球温度在27 ℃以下，蒸发降温有较好的效果。室外空气经蒸发降温设备处理后，气温通常可降低7～10 ℃，室内温度可降低至26～28 ℃。长江流域及以南地区气候较为潮湿，蒸发降温效果略差。一般阴雨天虽相对湿度高达80%，但该时期气温也多较低，而在高温天气需降温的时刻，相对湿度往往仅为50%～60%，夏季空调室外计算湿球温度为27～28.5 ℃，室外空气经蒸发降温处理后，气温可降低5～8 ℃，室内温度可降低至28～30 ℃，可基本满足室内生产多数情况的要求。

蒸发降温的不足之处是降温效果要受气候条件影响，在湿度较高的天气下降温效果较差。另外，降温的同时空气的湿度也会增加，使室内湿度过高，但由于蒸发降温设备简单、运行可靠及维护方便、省能、经济，是夏季生产的有效降温技术。

(三)系统的管理与日常维护

(1)注意温室的整体密闭性，特别是湿帘与湿帘箱体、湿帘箱体与山墙、山墙与风机的设计安装是否有缺陷，导致室外热空气渗透，影响系统降温效果。

(2)加入池中水应为清洁水，不能使用含藻类和微生物含量过高的水源，水的酸碱性要适中，导电率要小，以保持管路畅通和湿帘的高效率。如发现湿帘供水不足或不均时，要检查池中是否缺水(池中浮球阀能自动补水和断水)，水泵是否运转以及供水管路和水泵入水口，尤其是喷水管路上的小孔是否有堵塞，检查喷水管路是否位于湿帘的正中。

(3)观察湿帘的水流及分布情况，水流必须细小而且沿湿帘波纹缓慢下流，整个湿帘必须均匀浸湿，没有干带或部分集中的水流。系统初运行，如发现湿帘部分有水流喷射现象，多为湿帘纸质表面带有毛刺造成，可用手掌来回轻抚解决。如在运行过程中还是发现水流喷射、干带或集中水流，多为供水系统设计不合理或供水压力不当引起，应重新设计供水系统或调整供水系统压力。

(4)日常使用应先停止供水，保持风机运行至湿帘彻底晾干。整个系统停止运行后，还应检查湿帘箱底部回流水槽积水状况，避免湿帘底部长期浸在水中，引起纸质霉变，使用寿命降低。系统设计安装正确，底部不应有积水。

(5)湿帘表面如有水垢或藻类形成，应在彻底晾干后，用软毛刷沿波纹上下轻刷。然后可用供水系统适当调高压力进行冲洗。每年夏季启封使用也应检查湿帘缝隙中的杂物，用软毛刷清除。如发现湿帘出现缝隙应挤紧，缝隙过大时应加补。冬季停止使用时，应在确保湿帘干透后用薄膜在湿帘四周用卡槽封住。

(6)要检查系统的各组成部分，过滤器要经常清洗，水池要加盖并定期清洗，水池的设计必须把回流的循环水分隔。只能经过过滤后才能循环使用。

(7)风机和水泵的电路宜集中控制，控制开关应装在室内。冷风机使用前，应确保湿帘和水池中无杂物，每年清洗1～2次；冬季不用时，将池内水放净，用塑料布把箱体包扎好，以免杂物进入机内。

二、材料准备

1. 当地温室及降温系统；

2. 与本任务相关的各类材料。

任务实施

通过网络或到图书馆查阅资料，进一步了解湿帘风机降温系统。

任务拓展

湿帘风机一体化降温设备

湿帘风机一体化降温设备（图 1-29）该设备克服了一般湿帘风机降温系统只能适用于采用负压机械通风的可密闭设施的缺点，其使用灵活，温室无论是否密闭均可采用。缺点是设备投资费用较高、由于采用正压送风的工作方式，因此，具有正压机械通风的特点和相同局限。

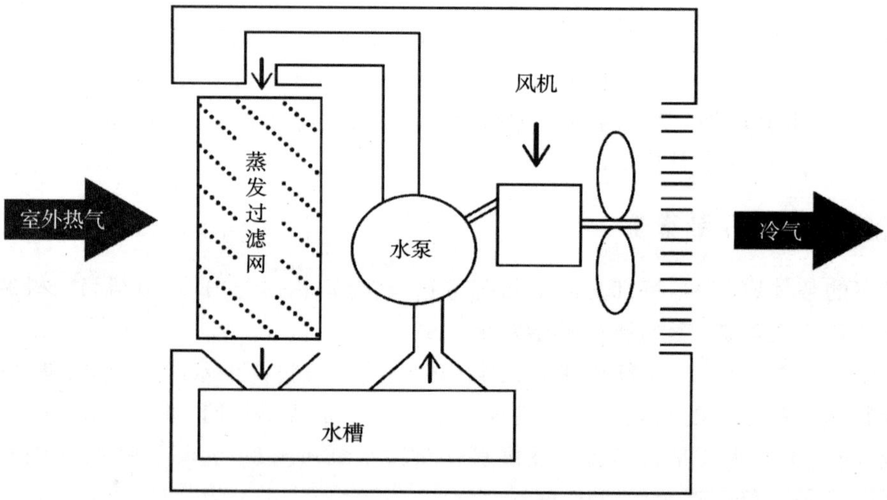

图 1-29　湿帘风机一体化降温设备

任务评价

以小组为学习单位，按照项目、内容和标准进行评价。

评价项目	评价内容	评价标准
蒸发降温原理	概念的准确性、完整性	正确叙述概念，叙述不清扣分
湿帘水循环系统	系统结构的准确性	正确叙述概念，叙述不清扣分
湿帘风机布置位置	实例分析优缺点	正确叙述分析结果，叙述不清扣分

任务巩固

1. 简述湿帘风机降温原理。
2. 简述湿帘水循环系统的结构。
3. 简述湿帘风机降温系统的特点及日常维护方法。

工作任务 2 温室采暖方式及设备使用和维护

任务描述

大型的温室通常采用燃煤热水采暖，燃煤费用相对燃油较低。本任务介绍常见的温室加温方法。

任务目标

1. 了解温室加温方法；
2. 掌握热水加温系统的设备及使用方法。

素养目标

培养学生学农、爱农、兴农的责任意识，铸牢学生爱岗敬业精神和低碳环保的理念。

任务准备

一、知识准备

采暖系统一般由热源、室内散热设备和热媒输送系统组成。目前用于温室的采暖方式主要有热水采暖、蒸汽采暖、热风采暖、电热采暖和辐射采暖等。目前温室中最常用的热源有燃煤锅炉、燃气锅炉和电锅炉。散热方式主要有热水管道散热和热风散热。

（一）热水采暖

以热水（60～80 ℃）为热媒的采暖系统，由热源锅炉、热水输送管道、循环水泵、散热器、一级控制阀门等组成。与热风和蒸汽采暖相比，一次性投资较高，循环动力大，热损失小，运行较为经济。一般冬季室外采暖设计温度在－10 ℃以下且加温时间超过三个月的，常采用热水采暖系统。我国北方地区大都采用热水采暖。

散热器采用铸铁或钢制，内部为热媒流动的通道，外表面具有较大的面积，利于散热。主要的类型：

柱形散热器——占用空间多，目前基本不用；

圆翼型散热器——散热面积大，节省材料，占地小，美观，温室常用。

光管散热器——常用来做成蛇形，直接给植物根部加热。

目前温室多采用钢制圆翼型散热器。占用空间小，散热强度大（有不同规格，每米长度散热量在 300～900 W 不等）。也有直接以钢管（光管）作为散热器，如图 1-30 所示。

经验数据：钢制圆翼型散热器散热量 600～650 W/m^2；

在北京地区温室中的配置数量 0.3～0.6 m/m^2。

图 1-30 钢管型散热器

（二）火炉采暖

用地炉或铁炉，燃煤的烟气通过烟道散热供暖。热稳定性较好，有辐射加热效果；设备费用低；操作管理较麻烦；主要在日光温室和塑料大棚中使用。

（三）蒸汽采暖

以蒸汽为热媒的采暖系统，组成与热水采暖系统相近。一般在有蒸汽资源的地方或有大面积连片温室群供暖时，为了节约投资，才选用蒸汽采暖系统。

（四）电热采暖

利用电流通过电阻大的导体将电能转变为热能进行空气或土壤加温的加温方式。温室中常用的电加热线有空气加热线和地热加热线两种。采用电热采暖不受季节、地区限制，可根据种植作物的要求和天气条件控制加温的强度和加温时间，具有升温快、温度分布均匀、稳定、操作灵便等优点。缺点是耗电量大、运行费用高。多用于育苗温室的基质加温和实验温室的空气加温等。

（五）热风采暖

热风系统是利用热源将空气加热到要求的温度，然后由风机将加热空气送入温室中。热风采暖设备一般采用一定热源，通过换热装置以强制换热的方式加热空气，使温度达到 30～60 ℃，然后由风机将热空气送入需采暖的空间，为使热风在温室内均匀分布，有时采用送风管道进行输送分配，如图 1-31 所示。相比热水加温系统，热风采暖设备投资低，安装简单，但是运行费用较高。主要使用在冬季采暖时间短的地区，尤其适合于小面积单栋温室。在我国主要使用在长江流域以南地区。

图 1-31　送风管输送热风

热风采暖设备主要有燃煤热风炉、空气加热器、暖风机等。燃煤热风炉是利用燃烧煤后的高温烟气通过热交换装置加热空气，烟气排出室外，避免对室内造成污染。燃煤热风炉设备简单，运行费用低，我国小型温室采用较多。缺点是除燃烧煤对环境产生污染的问题外，使用中管理比较麻烦，不易实现自动化的控制。空气加热器采用蒸汽、热水或燃烧天然气、燃油，或采用电加热，使空气流经空气加热器中的换热构造时得到加热。而将空气加热器与风机合为一整体的设备，称为暖风机。采用天然气、燃油、电能的热风采暖系统具有使用灵活、容易控制调节等优点，但运行费用较高。

热风采暖系统不需要像热水采暖系统的散热器与供、回水管道系统，因此设备费用较低，冬季可以和通风相结合而避免冷风对植物的危害。缺点是热稳定性差，采暖设备停机后余热小，室温降低快，温度波动较大，但若系统实现自动控制时影响较小。若采用烟油、燃气、燃煤加热设备，燃烧过程中会产生二氧化硫、一氧化碳和氮氧化物等有害气体，所以暖风设备中烟气必须通过热交换装置将洁净空气加热为热风送出，烟气排出室外。

热风采暖主要应用在小型温室，或冬季室外气温不太低的地区，或仅需短期临时加温的温室，其配置灵活，设备费用较低。热风采暖也常用作采用热水采暖系统的大型温室的辅助加温设备，在严寒季节主供暖还不能满足要求时可短时启用。

（六）地中热交换系统

地中热交换系统是一种利用温室自身集热和用土壤蓄热的太阳能利用系统，是新能源的有效利用。由风机与温室地面下埋设的管道组成。在封闭状态下利用贮热原理，白天收集太阳能贮存在土壤中，如图 1-32 所示，当白昼室内气温升高到一定程度（20～25 ℃）时，开动风机使空气流过管道，热风加热管周土壤，把热量蓄积到土壤中。夜间室内温度低时，再把地下贮存的热量补充到室内，如图 1-33 所示，当室内气温降低到设定点（例如低于 10 ℃）时再开动风机，使空气从管道中流过，空气被土壤加热而带出蓄积的热量。其释放的热量可使室内气温提高 3～7 ℃，同时，由于地下管道的蓄热，可使地温提高 4～8 ℃，有效地提高夜间室温，均衡昼夜室温。

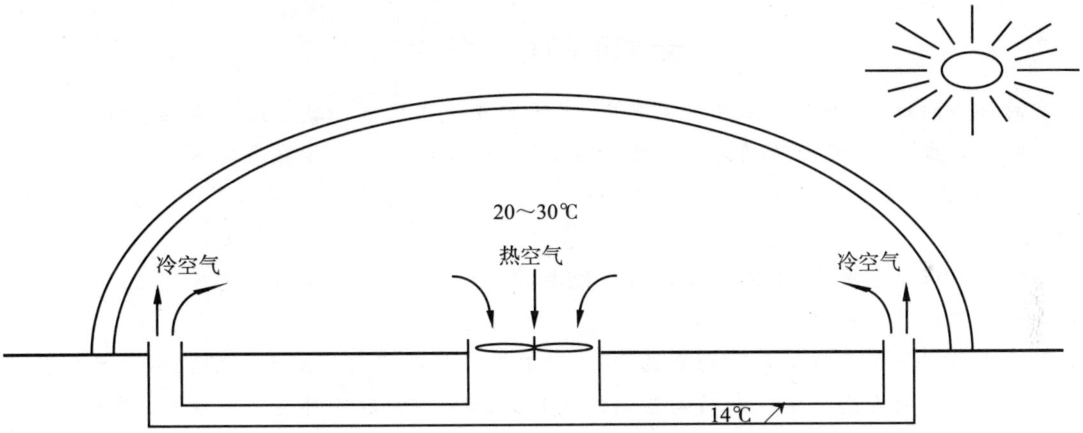

图 1-32　白天地中热交换

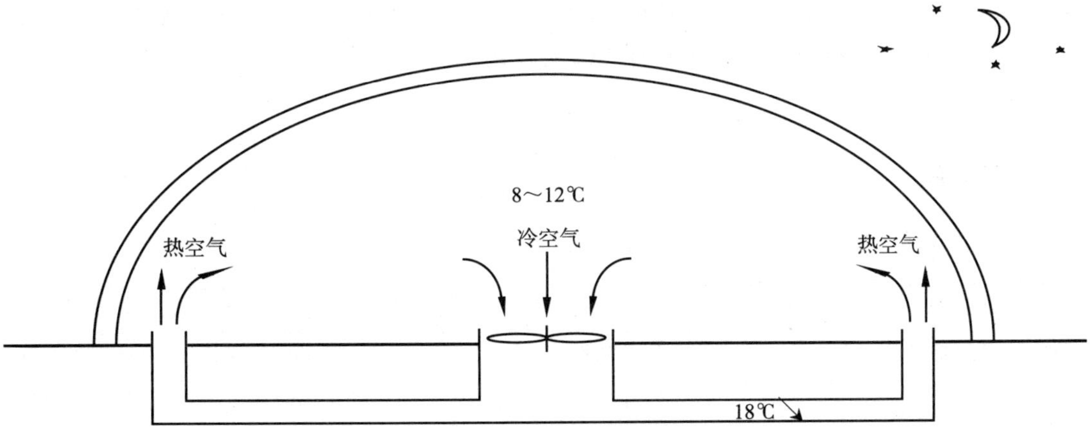

图 1-33　夜间地中热交换

地中热交换系统存在的问题：

①管道用量大，埋设施工量大，系统建设费用高（20～50 元/m^2）。

②蓄、放热效果和加温能力有限。在室内气温 25 ℃以上且持续相当时间条件下，才能有效蓄热，严冬季节不易达到该条件。夜间难以维持室内 12 ℃以上气温。

③白昼温室密闭运行方式，CO_2不足的问题突出，应考虑进行 CO_2施肥。

④连阴数日时，不能有效发挥作用。

⑤风机运行时产生噪声。

二、材料准备

1. 当地温室及加热系统；
2. 与本任务相关的各类材料。

任务实施

通过网络或到图书馆查阅资料，进一步了解温室加热方式。

任务拓展

新能源的有效利用

温室的加温能源，国外多为石油和天然气，我国主要使用煤炭。减少煤炭在温室生产中的消耗，不仅能降低生产成本，而且是节约地球有限资源、保护环境的需要。世界各国都开展了利用太阳能、风能、地热能和生物质能等作为温室加温能源的研究，其中最有普遍应用前景的是太阳能和生物质能（沼气等）。

太阳能是地球上最廉价、普遍存在的清洁能源，但由于其时间性和能量密度较低的特点，有效收集和贮存是利用技术上的难点。

沼气用于温室加温是节约资源的有效途径，并具有良好生态环境效益。将温室与畜禽舍结合在一起形成种养结合的生态温室。在植物与动物生产的能源与物质互补生态系统中，畜禽呼出的 CO_2成为植物 CO_2气肥源，而植物光合作用吸收 CO_2，产生 O_2供给动物，畜禽散发的体热成为温室的补充热源。如果在温室地面下建沼气池，以畜禽粪便作沼气原料，温室内较高的气温可促进沼气发酵，提高产气率，沼气可用作温室加温和农村生活与生产的能源，发酵后的产物为优质有机肥。这就形成在温室内的养殖、沼气和种植有机结合的良性生态系统。

任务评价

以小组为学习单位，按照项目、内容和标准进行评价。

评价项目	评价内容	评价标准
温室加温主要方法	概念的准确性、完整性	正确叙述概念，叙述不清扣分
热水加温设备	工作过程理解准确性、实例	正确叙述设备实例，叙述不清扣分
热风加热设备	工作过程理解准确性、实例	正确叙述设备实例，叙述不清扣分

任务巩固

1. 简述热水加温系统的主要工作过程。
2. 简述热风加温系统的主要工作过程。
3. 简述地中热系统的主要工作过程。

温室加热系统

项目二　温室湿度监测与调控

岗位任务：

温室内的水分调控应对空气环境水分状况和土壤水分状况两者进行合理而有效的调控。衡量与评价温室内空气水分状况的指标是空气相对湿度，衡量与评价温室内土壤水分状况通常采用土壤湿度。因此，调控温室内的水分状况就是调控温室内的空气相对湿度和土壤湿度。本项目分为温室湿度环境认识、温室湿度监测、温室湿度调控措施、温室湿度调控设备4个模块。

技术岗位：

温室管理员

岗位要求：

1. 通过本项目的训练，了解湿度环境对植物生长的影响；
2. 掌握温室湿度环境的监测和调控方法；
3. 认识温室湿度环境的调控设备，能对温室湿度环境调控系统进行使用和维护。

模块一　温室湿度环境认识

工作任务 1　湿度对作物生长的影响

任务目标

1. 了解不同植物对空气湿度的要求；
2. 了解不同植物对土壤环境湿度的要求。

素养目标

培养学生学农、爱农、兴农的责任意识，铸牢学生爱岗敬业精神和低碳环保的理念。

任务准备

一、知识准备

湿度的大小直接影响到作物蒸腾速度、作物吸收水分的快慢，因此对作物光合速率、作物生长速度以及对病虫害的控制都有重要影响。湿度对作物的影响还因作物的种类不同而有较大的差异，在实际生产中要根据作物种类特性加以综合调控。

(一)不同植物对环境空气湿度的要求

1. 蔬菜对温室内空气湿度的要求

不同蔬菜对温室内空气湿度的要求不同(表 2-1)。

表 2-1　蔬菜对空气相对湿度的要求

类型	蔬菜种类	适宜的空气相对湿度/%
潮湿性蔬菜	水生蔬菜类、绿叶菜类、黄瓜等瓜类	85～95
喜湿性蔬菜	白菜类、根菜类、甘蓝类、马铃薯、豌豆等	75～80
中湿性蔬菜	茄果类、豆类(除豌豆、蚕豆等)	55～65
干燥性蔬菜	葱蒜类、胡萝卜、甜瓜、西瓜等	45～55

从蔬菜对空气湿度的要求看，需较高空气湿度的，一般相对湿度在 85%～95%，主要有黄瓜、绿叶菜类、水生蔬菜类等；需中等空气湿度的，一般相对湿度在 75%～80%，主要有白菜类，除胡萝卜之外的根菜类、甘蓝类、豌豆、蚕豆等；需较低空气湿度的，一般相对湿度在 55%～65%，主要有茄果类，除蚕豆、豌豆外的豆类等；适于较干燥空气的，一般相对湿度在 45%～55%，主要有甜瓜、西瓜、胡萝卜、葱蒜

类等。

温室内果菜类要求的空气相对湿度范围大致为55%～90%，最适宜的相对空气湿度为60%～70%。夜间一般相对空气湿度应在70%～90%。

2. 花卉对温室内空气湿度的要求

不同种类的花卉对温室内的空气湿度的要求也不一样，其中大部分花卉植物，特别是南方原产的花卉植物，移到北方栽植后，必须提高温室内空气湿度，否则叶片会因干燥而表面粗糙，失去光泽，甚至黄枯、焦边。

就某一种类花卉而言，在其生长发育的各个阶段，对温室内的空气湿度的要求也不同。例如，花卉在扦插、嫁接或分株繁殖时，大都需要80%以上的空气相对湿度，才能减少水分散失，提高繁殖成活率。

花卉还因季节和栽培方式不同而对温室内的空气湿度要求不同。例如，花卉在冬季养花阶段，温室内的空气湿度过高时，花卉容易徒长，并引起多种病虫害，因此，需要采取降低空气湿度的措施。

（二）不同植物对土壤环境湿度的要求

蔬菜和花卉都是需水量较多的植物，与一般的农作物相比，它们对水分的反应更为敏感。不同种类的蔬菜和花卉需水量不同，同一种蔬菜和花卉的不同生育时期对水分的要求也不同。

1. 蔬菜对温室内土壤湿度的要求

蔬菜的生长发育过程中，任何时期缺水都影响其正常生长。蔬菜在生育过程中缺水，会导致植株萎蔫，气孔关闭，组织粗糙，苦味增加；严重缺水时，则会导致细胞死亡，植株枯死。土壤水分过多，湿度过大，超过蔬菜生育期的耐渍和耐淹能力，也会造成蔬菜产量下降，蔬菜中的营养含量减少，品质下降，收获后易腐烂不耐贮藏。

2. 花卉对温室内土壤湿度的要求

不同的花卉由于原产地不同需水特性也不同，因此对土壤湿度也都有特定的适应范围。除水生花卉需要在水层中生长外，如水仙、马蹄莲、蕨类、龟背竹、旱伞草等湿生花卉，需要在潮湿的环境中生长，因此要求土壤湿度经常保持饱和状态；中性花卉，一般要求在土壤比较湿润而又良好的排水条件下生长，过干和过湿的环境对其生长都不利。

花卉对于土壤水分的要求也随其各个生育阶段的不同而有变化。一般播种期需要较高的土壤湿度，有利于胚根和胚芽的萌发。种子出土以后，要求表土保持适度湿润；随后为防止苗木徒长，促使植物老熟（蹲苗），土壤湿度应降低。花芽分化是由营养生长进入生殖生长的转折时期，应根据花卉品种的需水特性适当控制土壤湿度。开花期一般要求有较高的土壤湿度，但水分不宜过多，否则会落花落蕾；而水分少，则会使开花不良，缩短花期。

二、材料准备

蔬菜生产、花卉生产相关书籍和网站。

任务实施

通过网络或者到图书馆查阅资料，查找3～5种温室常种的蔬菜、花卉，并总结其适宜的空气湿度和土壤湿度范围。

任务拓展

蔬菜与湿度的关系

水是蔬菜植物体内的主要成分之一，对大多数蔬菜来说，鲜重的80%～90%，甚至95%是水分，这些水大部分存在于细胞中，为许多生物化学反应提供合适的介质。一株植物在其生长发育的全过程中吸收的水分，有不到5%用于生理生化过程及细胞的扩展过程，大部分水分通过蒸腾而损失掉。

影响蒸腾最重要的环境因素之一是环境中的空气湿度，或说是空气的水汽饱和差(Vapor Pressure Deficit，VPD)。因此，空气湿度通过影响蒸腾，间接影响作物水分吸收和养分吸收，影响植株体内代谢；通过影响叶片气孔导度，影响CO_2的同化，从而影响作物的生长发育和作物的产量。

(一)湿度环境与蔬菜生长发育

空气湿度与作物生长的关系相当复杂。不同蔬菜种类或同一蔬菜不同品种对空气湿度要求不同。例如，西瓜的不同品种，宝冠的单叶光合速率适宜空气相对湿度为50%～70%，新金兰则要求更低的空气相对湿度。温室作物番茄、黄瓜、青椒、茄子等的湿度试验认为，长期暴露在较高湿度下(20 ℃时合适的相对湿度为87%)，黄瓜叶面积显著增加；番茄叶片的发生率提高，但由于蒸腾下降，叶片扩展受到影响，最终叶面积降低。20 ℃时相对湿度58%～87%范围内，较高的湿度可以改善作物体内的水分平衡，有利于叶片扩展。

空气湿度的高低会影响蔬菜的花芽分化、果实发育等过程。20 ℃时相对湿度在62%～87%范围内，湿度对番茄授粉的影响不大。同时，茄果类果实的形状、果实内的室数、果皮厚度、干物质含量、果实成熟早晚与VPD的关系不大。

生产中夏季温室坐果率低，与高温和空气湿度共同作用有关。空气相对湿度太低会影响花粉生活力和花丝的生长，致使雌蕊的花柱和柱头干枯，不能受精；或者由于干燥蒸腾量加大，致使花的离层细胞壁遭受破坏，番茄落花增加。

(二)湿度环境与蔬菜光合作用

多数蔬菜作物光合作用的适宜空气相对湿度为60%～85%或者VPD 0.2～1.0 kPa。在这个范围内，空气相对湿度增加，作物叶片的气孔导度增加，从而促进作物光合作用。在25 ℃条件下，80%～85%空气相对湿度要比60%空气相对湿度下栽培黄瓜的光合量高10%～15%。通常VPD 0.3～0.9 kPa范围内，白天或晚上空气相对湿度变化所造成的作物叶片或整株光合作用的差异在3%～10%，由此预测引起作物产量变化在3%左右。

(三)湿度环境与蔬菜干物质分配

通常蔬菜作物干物质分配受空气湿度的影响或调节。VPD在0.3～0.9 kPa，叶、茎、果的干物质含量也未受空气相对湿度的显著影响，空气相对湿度对温室果菜植株叶、茎、果间的干物质分配和叶、茎、果的干物质含量无显著影响。在短期的极端空气相对湿度条件下，空气相对湿度主要是通过影响授粉和种子发育影响作物干物质分配；或通过影响作物坐果而间接影响干物质分配。在适宜的范围内，较高的空气相对湿度可改善光合作用，促进植株营养生长，但不一定有利于产量提高，因为不是所有的生长过程对空气相对湿度的反应都一样。

(四)湿度环境与蔬菜生理障碍

在极端的高湿度环境中,有可能对蔬菜作物产生一些潜在的负面影响,包括高湿度导致蔬菜热害、高湿度导致蔬菜叶片释放有害气体、高湿度导致蔬菜缺素症和高湿度导致蔬菜产品生理障碍。

在空气湿度过低的情况下,也会造成蔬菜的一些生理障碍。如大棚春茬黄瓜定植成活后,如果连续5～7 d中午相对湿度降到60%以下,则幼苗生长缓慢,叶片暗绿。

空气相对湿度和温度的剧烈变化,会导致番茄果实内的维管束褐变。对于叶菜类蔬菜(如莴苣等),如果空气相对湿度变化剧烈,引起不规则的植株蒸腾或蒸腾的突然变化,会破坏体内水分吸收和蒸腾之间的平衡,导致植株内水分含量的较大变化,从而引起细胞壁的畸形,引起叶片灼烧、破裂或茎裂等现象的发生。

(五)湿度环境与蔬菜病虫害

高湿有利于病原微生物的繁殖,温室内的湿度条件是引起病害发生的重要原因。几种主要作物病虫害发生与湿度的关系见表2-2。

表2-2 病虫害与湿度环境发生的关系

蔬菜种类	病虫害种类	要求相对湿度/%
黄瓜	炭疽病、疫病、细菌性病害等	>95
	枯萎病、黑星病、灰霉病、细菌性角斑病等	>90
	霜霉病	>85
	白粉病	25～85
	病毒性花叶病	干燥(旱)
	瓜蚜	干燥(旱)
番茄	绵疫病、软腐病等	>95
	炭疽病、灰霉病等	>90
	晚疫病	>85
	叶霉病	>80
	早疫病	>60
	枯萎病	土壤潮湿
	病毒性花叶病、病毒性蕨叶病	干燥(旱)
茄子	褐纹病	>80
	枯萎病、黄萎病	土壤潮湿
	红蜘蛛	干燥(旱)
辣椒	疫病、炭疽病	>95
	细菌性疮痂病	>90
	病毒病	干燥(旱)
韭菜	疫病	>95
	灰霉病	>90
芹菜	斑点病、斑枯病	高温

任务评价

湿度对作物生长的影响认识评价标准

评价项目	评价内容	评价标准
蔬菜适宜的湿度范围	知识要点	正确总结,有错误扣分
花卉适宜的湿度范围	知识要点	正确总结,有错误扣分
不适宜的湿度对植物的影响	过程认知	正确总结,有错误扣分

任务巩固

1. 园艺作物在不同时期对水分环境的要求有哪些?
2. 温室内空气中的水分来源有哪些?

工作任务2 | 湿空气热力学

任务目标

1. 掌握空气湿度的表示方法;
2. 认识焓湿图。

素养目标

培养学生学农、爱农、兴农的责任意识,铸牢学生爱岗敬业精神和低碳环保的理念。

任务准备

一、知识准备

空气环境的调控是农业生物环境工程的重要研究内容,为了按农业生物生长发育对空气环境的要求调控空气的温湿状态,必须了解湿空气在调控过程中的状态变化。

湿空气是含有水蒸气的空气,完全不含水蒸气的空气称为干空气。湿空气的温湿特性是指湿空气中干空气和水蒸气的相互关系及其物理过程。

(一)空气的物理状态

干空气是氧、氮等多种气体的混合物,其组成基本稳定不变。干空气的容积可按理想气体的容积来计算(在标准状态下 28.966 kg 干空气的容积是 22.414 m^3)。

湿空气是含有水蒸气的空气,也可以说是干空气和水蒸气的混合物。湿空气的成分不稳定,如水蒸气,会由植物或动物的生理原因增加其在湿空气中的含量;会由于通风或除湿作用,降低其在湿空气中的含量。此外,在实际生产过程中,湿空气中还会含有不同数量的氨、甲烷、硫化氢等有害气体和尘埃颗粒,CO_2 的浓度也会发生变化。

(二)空气湿度的表示方法

空气湿度是表示空气中所含水汽量或空气潮湿程度的物理量,常用水汽压、绝对湿度、相对湿度、饱和差以及露点等来表示。

1. 水汽压(e)

空气中水汽所产生的压强,是大气压的组成部分之一,用百帕(hPa)表示。一般空气中水汽含量越多,水汽压越大。

2. 饱和水汽压(E)

温度一定时,单位体积空气中所容纳的水汽量达到饱和状态,此时的空气称为饱和空气,其水汽压称为饱和水汽压。一般情况下,超出限度的水汽会发生凝结。温度越高,饱和水汽压越大。在同一温度下,水面上的饱和水汽压大于冰面上的饱和水汽压;凸面的饱和水汽压大于凹面的饱和水汽压;纯水面的饱和水汽压大于溶液表面的饱和水汽压,溶液浓度越高,溶液的饱和水汽压越小。

3. 绝对湿度(a)

单位体积空气中所含水汽的质量,也称空气中的水汽密度,单位是 g/m^3。在实际工作中,常把水汽压看作绝对湿度值。

4. 相对湿度(r)

表示空气中水汽的饱和程度,是空气中实际所含水蒸气密度和同温度下饱和水蒸气密度的百分比,即 $r=e/E\times100\%$。当 $e<E$ 时,$r<100\%$,空气为未饱和状态;当 $e=E$ 时,$r=100\%$,空气为饱和状态,此时一般有水汽凝结现象发生;当 $e>E$ 时,即 $r>100\%$ 而无凝结现象发生时,空气为过饱和状态。饱和水汽压随温度升高而升高,在同一水汽压下,气温升高,相对湿度降低,空气变干燥;气温降低,相对湿度升高,空气变潮湿。相对湿度越小,表示空气距饱和状态越远,吸湿能力越强。

干湿球温度计为湿度观测仪器。干球温度是使用普通温度计测出的实际空气温度,即气温,反映空气实际的冷热程度。测量时要防止太阳直射的影响,保持温度计干燥。湿球温度是指等常空气状态下,空气中水蒸气达到饱和时的空气温度,是在定压绝热情况下,空气与水接触达到稳定热湿平衡时的绝热饱和温度。测量时,用湿纱布包扎普通温度计的感温部分,纱布下端浸在水中,以维持感温部位空气湿度达到饱和,在纱布周围保持一定的空气流通,使周围空气接近达到等焓。示数稳定后温度计显示的读数近似认为是湿球温度。

5. 饱和差(d)

某一温度下,饱和水汽压和实际水汽压的差值,即 $d=E-e$。饱和差随温度升高而增大。

6. 露点温度(td)

在水汽含量和气压不变时,降低温度使饱和水汽压与实际水汽压相等,这时的温度是该空气的露点温度,简称露点,单位是 ℃。实际气温与露点之差表示空气距离饱和的程度。如果气温高于露点,则空气未达到饱和状态;气温等于露点,空气达到饱和状态;气温低于露点,空气达到过饱和状态。

(三)焓湿图

湿空气状态通常可用压力、温度、相对湿度、焓及含湿量等参数来度量和描述。在一定大气压力 B 下,湿空气的温度 t、含湿量 d、相对湿度 ψ 与焓 i 等主要状态参数之间的关系可用线算图[即湿空气焓湿($i-d$)图]来表示。

焓(H)通常是一个热力学系统中的能量参数。焓的物理意义可以理解为恒压且只做体积功的特殊条件下反应的热量变化。常压下的变化量就是热量的变化。

我国现行采用的焓湿图以焓 i 为纵坐标,以含湿量 d 为横坐标。但是实际所使用的焓湿图,为了避免图面过长,而取一水平辅助线来代替实际的含湿量 d 轴。焓湿图可以清晰地表示出湿空气状态各参数的关系,不仅图上的每一个点都表征湿空气的一个状态,还可以用来描述湿空气状态的变化过程。湿空气焓湿图中主要包括以下四组等值线。

(1)等含湿量线。与纵轴平行的一系列垂直线为等含湿量线。在坐标轴原点上 $d=0$,自左向右 d 值逐渐增加。

(2)等焓线。与等含湿量线相交成 135°角的一系列平行线为等焓线。通过原点的横轴 $i=0$。横轴以上的焓值为正,以下为负。

(3)等温线。等温线是根据如下湿空气焓的计算公式进行绘制的。

$$h=1.01t+0.001d(2501+1.85t)$$

式中:t 为湿空气的温度,℃;

d 为含湿量,g/kg 干空气;

h 为湿空气的焓值,kJ/kg 干空气。

当 t 为常数时,h 与 d 成直线关系,所以在焓湿图中等温线是一系列直线。但温度不同的等温线并不是互相平行的,随着温度的增高,等温线的斜率逐渐增大。

(4) 等相对湿度线。等相对湿度线是根据如下空气含湿量的计算公式进行绘制的。

$$d=622\frac{\psi p_b}{B-\psi p_b}$$

式中:B 为大气压力,Pa;

ψ 为相对湿度,%;

p_b 为温度为 t 时对应的饱和水蒸气分压,Pa;

d 为含湿量,g/kg 干空气。

在一定的大气压力 B 下,当给定某一 ψ 值时,含湿量 d 与饱和水蒸气分压 p_b 有一系列相对应值。而 p_b 又是关于温度 t 的单值函数,因此可以根据温度 t 与含湿量 d 之间的对应关系,在焓湿图上找到若干点,连接这些点即得该 ψ 值的等相对湿度线,用同样的方法便可得出不同 ψ 值的等相对湿度线。焓湿图中 $\psi=100\%$ 的相对湿度线称为饱和曲线。该曲线上的各点均表示湿空气的饱和状态。饱和曲线把整个焓湿图划分为两个区域,它的上部为未饱和空气区,下部为过饱和空气区。

除上述四组主要等值线外,在图的右下角还给有水蒸气分压力线。当大气压力一定时,水蒸气分压力 p_s 与含湿量 d 相互对应,每给定一个 d 值,就可得到相应的 p_s 值,近似为一条直线。另外,在图框的外围还绘有热湿比线,如图 2-1 所示。

湿空气的状态与大气压力有关,焓湿图都是根据给定的某一大气压力绘制成的。因此,在使用时必须选择与当地大气压力相适应的焓湿图。

(四)水蒸气的蒸发与扩散

焓是物质所具有的能力,在常压下,其是温度的函数。在 101325 Pa 的压力下,当温度为 273.15 K (0 ℃)时,使 1 kg 冰变成相同温度下的水需要提供 335 kJ 能量,这部分能量是将冰融化为水所需的,并不引起温度的变化,称为液化潜热。将 1 kg 的水,从 273.15 K 升高到 373.15 K 时,需要 418.7 kJ 的能量,这部分能量只用于提高水的温度,并没有引起水的状态变化,称为显热。而使 373.15 K 的水变成相同温度的水蒸气时,需提供 22257 kJ 的汽化潜热。

液态水变成水蒸气的过程,称为汽化过程。在标准大气压下,当温度大于 100 ℃(373.15 K)时水的汽化称为沸腾,其特点是汽化过程在整个水中发生。当温度低于 100 ℃(373.15 K)条件下水发生汽化的过程,称为蒸发,其特点是汽化过程只发生在液态水的表面。蒸发过程可以在任何温度下进行,温度的高低只影响蒸发的速度。水蒸气在湿空气中的含量是不稳定的,湿空气中的水蒸气含量是决定湿空气状态的重要因素。在炎热季节里,由于水分蒸发而吸收空气中的显热,可使环境气温降低,达到冷

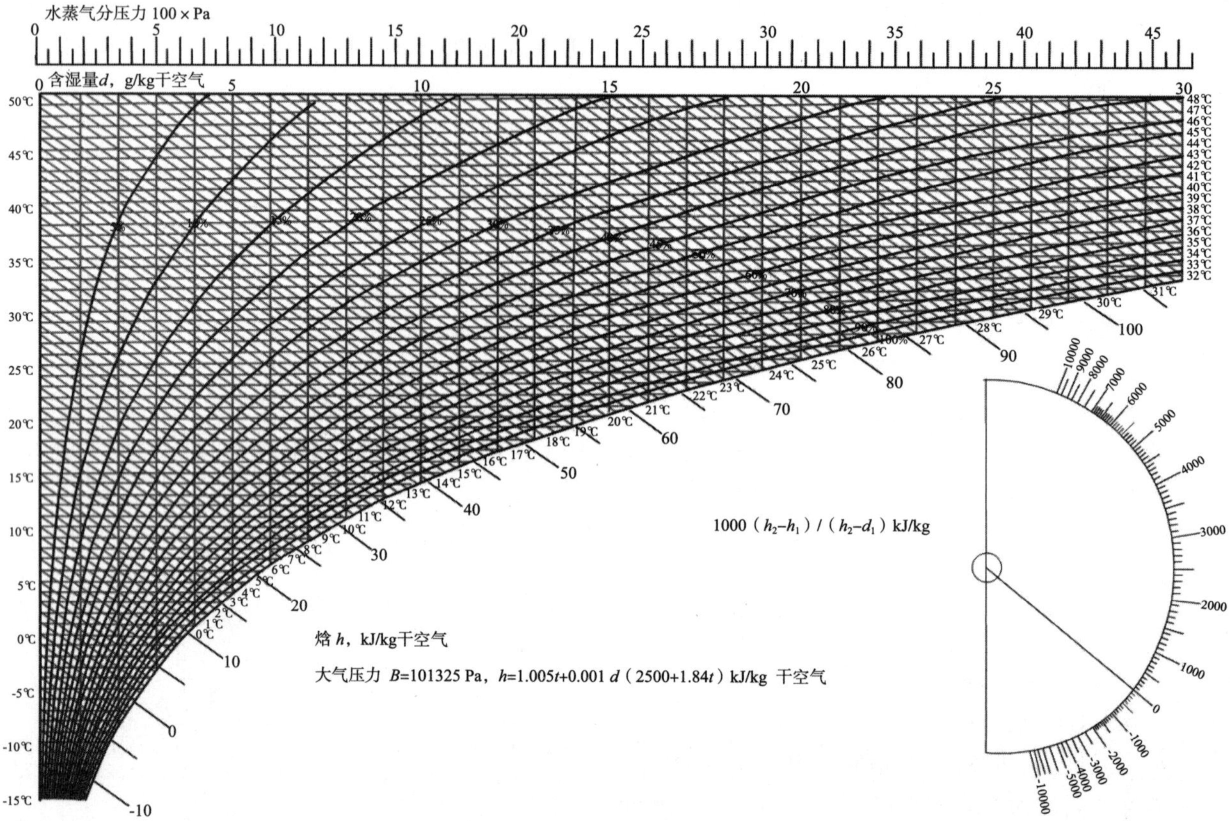

图 2-1　湿空气焓湿图(部分)

却的效果。畜禽体表面的水分蒸发，是直接驱散动物体热的重要方法。为了使农业温室内保持相对干燥，以满足动、植物对环境的要求，需设法减少水的蒸发，降低空气湿度，因此，环境控制中所涉及的主要是水的蒸发过程。

当水蒸气分压力低于当时温度条件下所对应的饱和分压力时，水蒸气处于过热状态。如果液态水表面处空气中的水蒸气处于过热状态(即湿空气处于未饱和状态)，由于其分压力低于相应的饱和水蒸气分压力，液态水就能进行蒸发，此即未饱和湿空气所呈现出来的吸湿作用。

扩散指不同浓度的两种混合物彼此相邻时，在浓度差的作用下产生物质迁移、趋于浓度平衡的过程。水蒸气含量不同的湿空气间，也存在着扩散作用。水蒸气通过隔离层的能力称为渗透能力。水蒸气的渗透能力与水蒸气分压力差成正比，与渗透过程中受到的阻力成反比。

二、资料准备

生产基地，干、湿球温度计，毛发湿度表，毛发湿度计，蒸馏水，水杯，笔，调查表。

任务实施

一、认识空气湿度观测仪器

1. 干、湿球温度表

由一对规格相同的温度表组成，放在同一环境中。一支用来测定气温，称干球温度表；另一支球部包扎湿的纱布，称为湿球温度表。湿球温度表的读数与空气湿度相关。当空气中的湿度未饱和时，湿球温度表球部表面水分不断蒸发，消耗湿球及球部周围的空气热量，使湿球温度下降，干、湿球温度出现差值，称干湿差。空气越干燥，蒸发越快，湿球温度低得越多，干湿差越大；反之，干湿差越小。只有当空气中的水汽达到饱和时，干、湿球温度才相等。

2. 毛发湿度表

垂直悬挂在温度表支架的横梁上，表的上部用螺丝固定。毛发湿度表的感应部分是脱脂毛发，它具有随空气湿度变化而改变其长度的特性。当空气相对湿度增大时，毛发伸长，指针向右移动；反之，相对湿度降低时，指针向左移动。

3. 毛发湿度计

由感应、传递放大和自计装置三部分组成，形同温度计。感应部分由一束脱脂毛发组成，当相对湿度增大时，发束伸长，杠杆曲臂使笔杆抬起，笔尖上移；反之，笔尖下降。这样，随时间便于连续记录相对湿度的变化。

4. 通风干湿表

将仪器挂在测杆上，仪器温度表感应部分离地面高度视观测目的而定。

二、空气湿度的观测

空气湿度的观测最好结合空气温度的观测仪器一起进行，空气湿度的观测方法如下。

1. 选择观测场所

分小组选择蔬菜、花卉、果树栽培场所，记录主栽植物和设施类型，并记录观测前和观测时的主要栽培措施，例如灌溉、遮阴、地膜覆盖、通风等。

2. 观测时间

按 2:00、8:00、14:00、20:00 进行 4 次观测，利用上课或课余时间。

3. 观测顺序

观测时按照干、湿球温度表、毛发湿度表的顺序进行。

4. 读数

观测时必须保持视线和水银柱顶齐平，各种温度表读数要准确到 0.1 ℃。

三、结果分析

1. 填表

将观测值、样地基本情况填入表格。

2. 绘图

绘制空气湿度和时间的变化图。

3. 分析

分析不同地点空气湿度随时间变化趋势的异同点，解释温室大棚、搭建小拱棚、灌溉、遮阳、通风等对空气湿度的影响。

任务拓展

湿度的变化

(一)绝对湿度的变化

1. 绝对湿度的日变化

空气中的水汽主要来自蒸发和蒸腾,温度高则蒸发量大,空气中的水汽含量多,则绝对湿度大。最大值出现在午后温度最高的时候,即14:00—15:00;最小值出现在日出前,称为绝对湿度的单峰型日变化,即绝对湿度的日变化与温度的日变化一致。单峰型的日变化多发生在海洋、海岸地区、暖季潮湿地区、寒冷季节的大陆。在对流或乱流较强的内陆暖季和沙漠地区,绝对湿度的日变化多为双峰型,一天中出现2个最高值和2个最低值,2个最高值一般出现在8:00—9:00和20:00—22:00,2个最低值一般出现在日出前和14:00—15:00。

2. 绝对湿度的年变化

绝对湿度的年变化与气温的年变化一致,在内陆地区,最大值和最小值分别出现在7月和1月;在海洋及海岸地区,最大值和最小值分别出现在8月和2月。

(二)相对湿度的变化

1. 相对湿度的日变化

相对湿度的日变化一般与气温日变化相反,最大值出现在气温最低的清晨,最小值出现在气温最高的午后。这是因为气温升高时,水汽压和饱和水汽压增大,但饱和水汽压随温度增加的速度比水汽压更快。

2. 相对湿度的年变化

相对湿度的年变化一般应与气温年变化相反。但我国大部分地区属于季风气候区,夏季有来自海洋的潮湿空气,冬季有来自内陆的干燥空气,因此,相对湿度最大值出现在夏季,最小值出现在冬季。

任务评价

湿空气热力学认识评价标准

评价项目	评价内容	评价标准
观测空气湿度	技能要点	正确使用仪器,有错误扣分
认识焓湿图	知识要点	正确总结,有错误扣分
空气湿度的表示方法	知识要点	正确表示,有错误扣分

任务巩固

1. 空气的绝对湿度和相对湿度有何区别?它们的变化是一致的吗?
2. 温室大棚和露地相对湿度的日变化特点有何不同?
3. 搭建小拱棚、地膜覆盖、灌溉、遮阳、通风等农事活动对空气相对湿度有何影响?

模块二　温室湿度监测

工作任务1　湿度传感器的使用和维护

湿度监测

任务目标

1. 了解湿度传感器的工作原理；
2. 能合理选择使用和维护湿度传感器。

素养目标

培养学生学农、爱农、兴农的责任意识，铸牢学生爱岗敬业精神和低碳环保的理念。

任务准备

一、知识准备

人们早就发现了人的头发随大气湿度变化而伸长或缩短的现象，因而制成了毛发湿度计。这类早期的湿度计的响应速度、灵敏度、准确性等指标都不高。20 世纪 50 年代以后，人们研制出了电阻湿度计，近年来又研制出了半导体湿敏器件。

金属陶瓷湿敏的基本原理为：当水分子在陶瓷晶粒间吸附时，可离解出大量的导电离子，这些离子担负着电荷的输运，导致材料电阻下降。湿敏电阻的特点是在基片上覆盖一层用感湿材料制成的膜，当空气中的水蒸气吸附在感湿膜上时，元件的电阻率和电阻值都发生变化，利用这一特性即可测量湿度。

习惯上湿度常用绝对湿度和相对湿度来表示。湿度的检测可间接用干湿法（仅适用于相对湿度）检测，也可直接用湿度传感器进行检测。

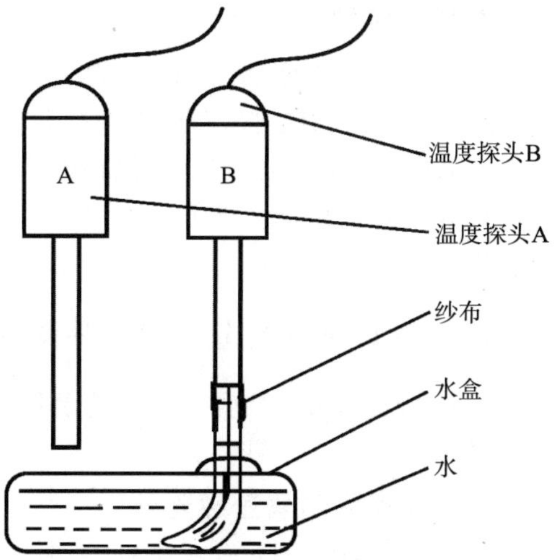

图 2-2　干湿球法检测湿度结构示意图

干湿球法检测湿度，原理同干湿球湿度计一样：如图 2-2 所示，温度探头 A 为干球温度计，温度探头 B 为湿球温度计。如果空气中水汽处于饱和状态，那么温度探头 A 和 B 测得的温度值应当相等。若空气中水汽未处于饱和状态，温度探头 B 外面纱布中的水分就会蒸发，温度探头 B 的温度下降。当纱布上水分的蒸发与凝结最终达到动态平衡时，温度探头 B 的温度可保持恒定，利用差值法可求得相对湿度。

直接检测湿度的湿度传感器种类很多，下面将分别介绍电解质系、半导体及陶瓷系、有机物及高分子聚合物系三大湿度传感器。

（一）电解质系湿度传感器

电解质湿敏元件主要包括潮解性盐元件、非溶性盐薄膜元件和离子交换树脂型元件，也包括无机电解质和高分子电解质湿敏元件两大类。下面主要介绍无机电解质湿度传感器。

无机电解质湿度传感器的典型元件是氯化锂湿敏元件。其感湿原理是：非挥发性盐（如氯化锂）溶解于水，降低水的蒸气压和盐的浓度，增加电阻率。将这种盐的饱和溶液置于一定湿度环境中，当环境的湿度高于溶液的水蒸气饱和压时，溶液将从环境中吸收水分，溶液浓度降低，导电性减弱；反之，导电性增强。利用这一特性，在绝缘基板上制作一对金属电极，其上涂覆一层电解质溶液，即可形成感湿膜。感湿膜随空气中湿度的变化而吸湿或脱湿，同时引起感湿膜电阻率的变化。通过对感湿膜电阻的测试和标定，即可知环境的湿度。

氯化锂湿敏元件具有灵敏、准确、可靠的优点。主要缺点是不适用于低湿和高湿测量，器件重复性不理想，使用寿命短。

氯化锂湿敏元件主要有登莫式、浸渍式和光固化树脂电解质湿敏元件等三种典型产品。DWS-P 型氯化锂湿敏电阻即属于这一类湿度传感器。

（二）半导体及陶瓷湿敏传感器

半导体及陶瓷湿敏传感器是湿度传感器中最大的一类。按其制作工艺可分为涂覆膜型、烧结体型、厚膜型、薄膜型及 MDS 型等。下面简单介绍一下涂覆膜型和烧结体型两类陶瓷湿敏元件。

1. 涂覆膜型

涂覆膜型湿敏元件是把感湿粉料（金属氧化物）调浆，涂覆在已制好的梳状电极或平行电极的氧化铝、滑石瓷或玻璃等基板上。四氧化三铁、三氧化二铝、氧化锌、氧化亚铜-三氧化二铁等湿敏元件均属此类。其中比较典型且性能较好的，是四氧化三铁湿敏器件。

涂覆膜型陶瓷湿敏器件的特点是：理化性能比较稳定，器件结构简单，测量量程大，使用寿命长且成本低廉。

2. 烧结体型

烧结体型湿敏元件是通过典型的陶瓷工艺制成的。这类湿敏元件具有较好的热稳定性和抗污能力，同时具有精度高、响应快、滞后小等特点。其感湿机理目前常用的有电子电导理论和离子电导理论，其代表性产品有氧化钛陶瓷湿敏元件、铬酸镁-二氧化钛陶瓷湿敏元件、氧化锌-三氧化二铬陶瓷湿敏元件等。

比较常见的属于半导体及陶瓷湿敏传感器有 $MgCr_2O_4$ 系、ZnO-Cr_2O_3 系、Fe_3O_4 和 Al_2O_3 膜状湿度传感器等。

（三）有机物及高分子聚合物湿度传感器

有机物及高分子聚合物按其感湿机理的不同可分为胀缩性有机物湿敏元件和高分子聚合物薄膜湿敏元件两大类。

1. 胀缩性有机物湿敏元件

利用有机纤维具有吸湿膨胀、脱湿收缩的特性，将导电的微粒或离子掺入其中作为导电材料，其体积随环境湿度变化，感湿材料的电阻也发生变化。碳湿敏元件即属于这类湿敏元件。

2. 高分子聚合物薄膜湿敏元件

其感湿材料（高分子聚合物）能随周围环境的相对湿度大小成比例地吸附和释放水分子。水分子的多少改变着材料的介电常数。将此类材料作为电介质做成电容器，测定其电容量的变化，即可得出环境的相对湿度。等离子聚合法聚苯乙烯薄膜湿敏元件和醋酸纤维有机膜湿敏元件即属于这类湿敏元件，其显著特点是响应速度快。

MSR-I、DBS-I、DBS-Ⅲ、HIH-3605-A/B 和 HIH-3602-L 等即属于这一类传感器。

二、资料准备

生产基地，干、湿球温度计，温度传感器。

任务实施

通过网络或到图书馆查阅资料，进一步了解湿度传感器。

任务评价

1. 会使用干、湿球温度计及维护。(30 分)
2. 会使用湿度传感器及维护。(30 分)
3. 按时完成作业，且答案正确。(40 分)

干湿球温度计操作　　温湿度记录仪操作

任务巩固

1. 温室常用的湿度传感器有哪些?
2. 怎样维护温室湿度传感器?

工作任务 2　温室内湿度分布特性

任务目标

1. 了解温室内空气湿度变化特点；
2. 掌握温室内土壤湿度变化特点。

素养目标

培养学生学农、爱农、兴农的责任意识，铸牢学生爱岗敬业精神和低碳环保的理念。

任务准备

一、知识准备

(一)温室内湿度条件的特点

温室内的空气湿度是由土壤水分的蒸发和植物体内水分的蒸腾在温室密闭情况下形成的。温室内作物生长势强、代谢旺盛、作物叶面积指数高，通过蒸腾作用释放出大量水蒸气。同时，由于温室内的空间小、气流比较稳定，在密不透风的塑料薄膜下，棚室内水蒸气经常接近或者达到饱和状态，空气绝对湿度和相对湿度均比露地栽培高得多。

高湿是温室湿度环境的突出特点。尤其是在夜间，温室处于密闭状态，室内空气湿度大，外界气温低，会引起室内空气骤冷而形成“雾”。到了白天，在室外气温和太阳辐射的共同作用下，温室内温度迅速升高，结雾消散，空气湿度下降。在温暖季节，白天温室往往开窗通风，室内空气湿度进一步下降与室外趋于一致。在采暖季节，温室夜间需进行加温，空气绝对湿度不变，而相对湿度降低，也会减少结雾现象。此外，伴随结雾现象的产生，还常常发生结露，主要是作物体表结露和塑料薄膜内表面严重结露，这是由温差造成的。温差的存在使得相对湿度分布差异较大，因此，在冷的地方就会出现冷凝水，冷凝水的出现与积聚就会出现物体表面的结露现象。作物表面的结露造成了作物沾湿，此外，塑料薄膜上露滴落到叶面上以及由于根压使作物体内的水分从叶片水孔排出的“溢液”现象也会造成作物沾湿，这是作物易发生病害的重要原因。

温室内空气湿度除与土壤蒸发和植物蒸腾有关外，就是通风和加热。温室内壁对水分的吸收和蒸发也会在一定程度上影响室内湿度。据报道，北方温室内的湿度在一般情况下，平均日间相对湿度＞93％，且时间在 6 h 以上的出现频率占 89％，在冬季，夜间相对湿度＞93％的频率高达 95％；阴天温室内则 24 h 湿度＞90％。南方在冬春季节，因光照弱、阴雨天多，温室内的湿度比北方更高。

（二）温室内空气湿度的变化

与露地相比，温室内环境相对封闭，相对湿度和绝对湿度一般均高于露地，温室内相对湿度平均在 90％左右，经常出现 100％的饱和状态。因此，温室内的空气湿度调控格外重要。

1. 温室内空气湿度的时空变化

（1）日变化　日出后，随着温度升高，温室内空气相对湿度下降；当下午气温下降后，相对湿度上升，在夜间易达到饱和状态。温室空间越小，日变化越大。

（2）季节性变化　一般低温季节相对湿度高，如长江中下游地区，冬季（1—2 月份）各旬平均相对湿度在 90％以上，而春季（3—5 月份）由于温度上升，平均相对湿度降低到 80％左右。

（3）天气变化　一般晴天的白天温室内相对湿度较低，为 70％～80％；而阴天或雨天的相对湿度高，可达 80％～90％，甚至 100％。

（4）结露现象　温室内相对湿度分布不均匀，空气流动缓慢，易导致较冷区域的植株表面结露。例如，在晴朗夜晚，温室屋顶大量散热导致高秆作物顶端温度下降，当温度低于露点时，作物顶端结露；日出后，棚室温度和绝对湿度提高，但植物果实和花芽的温度提高相对滞后，易导致水蒸气在果实和花芽凝结。

一般一日中的空气相对湿度最高值出现在上午温室升温前，不通风时相对湿度通常在 95％以上。随着温度的升高，空气相对湿度值减小。中午当气温达到最大值时，空气相对湿度则和气温的变化规律基本一致，白天随着气温的升高，相对湿度值也升高，到中午时达到最大值；夜间则由于气温的下降，空气的容水能力减弱，空气中大量的水蒸气凝聚到薄膜、铁丝、立柱等物体的表面，形成露珠，而使空气中的含水量减少。一般到日出前，空气绝对湿度值下降到最低值。

2. 土壤湿度变化

土壤湿度也有绝对湿度和相对湿度两种表示方法，生产上常用的是相对湿度表示法。

与空气湿度相比较，土壤湿度比较稳定，变化幅度较小。土壤湿度受温室温度、作物生长情况、空气湿度及浇水等的影响较大。一般低温期土壤湿度容易偏高且变化较小，高温期的变化较大。

温室内各部位的土壤湿度也有差异，如在塑料拱棚内由于蒸发、蒸腾的水分在塑料薄膜内面上结露，不断地顺着薄膜流向棚的两侧，使棚内中部的土壤逐渐干燥而两侧的土壤湿润，引起土壤局部湿差和温差，所以在中部一带需多灌水。

二、资料准备

基地温室，手持式便捷温、湿度计，任务单。

任务实施

1. 布置任务

测量 1 栋日光温室和 1 栋塑料大棚不同时间、不同位置的温度和湿度，根据测量数据总结设施内温度湿度变化的一般规律。

2. 方法步骤

①在温室(或大棚)中部选取一垂直剖面,从南向北竖立数根标杆,第一标杆距南侧(大棚内东西两侧标杆距棚边)0.5 m,其他各杆相距1 m。每杆垂直方向上每0.5 m设一测点。在温室(或大棚)内距地面1 m高处,选取一水平断面,按东、中、西和南、中、北设9个点。

②单个剖面,每次观测时读两遍数,取平均值。两次读数的先后次序相反,第一次先从南到北,由上到下;第二次从北到南,由下到上。每日观测时间:8:00和13:00。

③温、湿度的日变化观测。观测温室(或大棚)内中部与露地对照区1 m高处的温、湿度变化情况,记载2:00、6:00、10:00、14:00、18:00、22:00的温、湿度。

④地温分布与日变化测定。在温室(或大棚)内水平面上,于东西和南北向中线,从外向里,每0.5~1 m设一观测点,测定10 cm地温分布情况。并在中部一点和对照区观测0 cm、10 cm、20 cm地温的日变化。观测时间同温、湿度日变化观测。

3. 实训作业

①绘出温室(或大棚)温度和湿度的日变化曲线图。

②简要分析温室(或大棚)温度、湿度分布特点及其形成原因。

任务拓展

温室内水分收支

温室内由于覆盖物的阻隔,外界降水对温室内的环境影响较小,水分来源主要包括以下三方面:一是灌溉水。人工灌溉维持作物整个生育期的需要,多雨季节温室内受降雨影响小,生产上能保持土壤水分。二是地下水补给。温室外的降水由于地中渗透,有一部分横向传入温室,同时地下水上升补给。三是凝结水。作物蒸腾及土壤蒸发散失的水汽在薄膜内表面凝结成水滴,再落入土壤,如此循环往复。此外在循环过程中,由于通风换气,使温室内的潮湿空气流向外部损失一部分水分。温室内水分收支情况如图2-3所示。

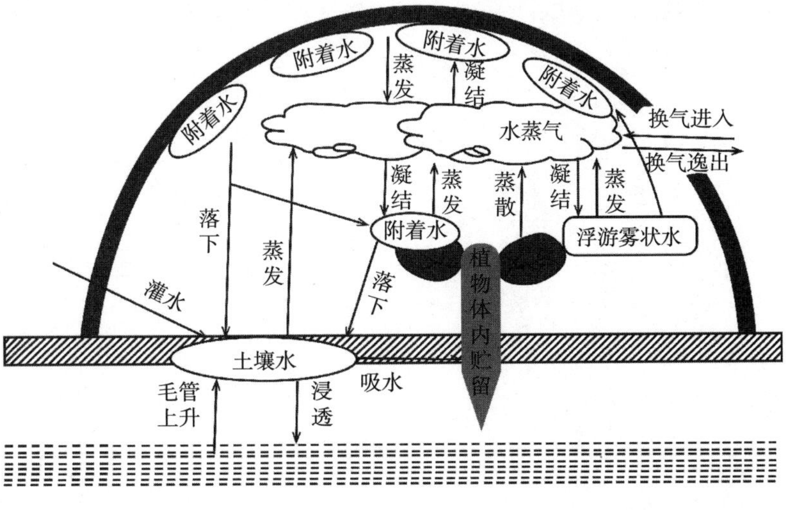

图2-3　温室内水分收支情况

任务评价

1.按要求测量温室内的温度、湿度和光照环境,数据准确可靠。(30分)
2.按要求准时测量不同时间温室内外温湿度变化,数据准确可靠。(20分)
3.按要求准时测量温室内地温的分布和日变化,数据准确可靠。(20分)
4.按时完成作业,且答案正确。(30分)

任务巩固

1.温室的空气湿度环境特点有哪些?
2.温室的土壤湿度环境特点有哪些?

模块三　温室湿度调控措施

工作任务 1　温室内湿度调控措施

任务目标

1. 掌握温室湿度环境调控方法；
2. 认识温室湿度环境调控设备；
3. 正确操作温室湿度环境调控设备。

湿度调控措施

素养目标

培养学生学农、爱农、兴农的责任意识，铸牢学生爱岗敬业精神和低碳环保的理念。

任务准备

一、知识准备

（一）降低空气湿度方法

温室内常见的降低空气湿度保持温室内相对干燥的措施主要有以下几种。

1. 通风换气

温室内造成高湿主要是由于密闭所致。为了防止室温过高或湿度过大，在不加温的温室里进行通风降温效果显著。一般采用自然通风，可通过调节风口大小、位置和通风时间达到降低室内湿度的目的，但通风量不易掌握，而且室内降湿不均匀。一般高温期间温室的通风量较大，各部位间的通风排湿效果差异较小，而低温期间则由于通风不足，容易出现通风死角。在有条件时，可采用强制通风，可由风机功率和通风时间计算出通风量，便于有效控制。

温室的通风排湿最佳效果时间是中午，此时温室内外的空气湿度差异最大，湿气容易排出。其他时间也要在保证温度要求的前提下，尽量延长通风时间。温室排湿时，要特别注意加强以下 5 个时期的排湿：浇水后的 2～3 d 内、叶面追肥和喷药后的 1～2 d 内、阴雨（雪）天、日落前后的数小时内（相对湿度大，降湿效果明显）、早春（温室蔬菜的发病高峰期，应加强排湿）。

2. 减少地面水蒸发

（1）地膜覆盖。畦面用地膜覆盖，在地膜下起垄或开沟浇水，地膜覆盖能保持土壤湿润，减少灌水，降低空气湿度，提高地温，防止土壤水分向室内蒸发，可以明显降低空气湿度，是冬季温室生产不可缺少的措施。大型温室在浇水后的几天里，应升高温度，保持 32～35 ℃的高温，加快地面的水分蒸发，降低地表湿度。不适合覆盖地膜的温室以及育苗床在浇水后应向畦面撒干土压湿。对裸露的地面应勤中耕松土。

(2)畦间覆草。畦间供人作业的过道,可覆盖稻草,既可防止土壤水分蒸发,又可吸收空气中的水分,明显降低空气湿度。

(3)不织布覆盖。不织布具有透光、透气、吸湿和保温的作用,用不织布扣小拱棚或进行浮面覆盖,可保温和透气吸湿,降低拱棚内的空气湿度。

3. 加温除湿

空气相对湿度与温度呈负相关,温度升高相对湿度可以降低。寒冷季节,在室内出现低温高湿又不能放风的情况下,就要应用辅助设备来提高温度,降低空气相对湿度,还可防止叶面结露。

4. 控制灌水

低温季节(连阴天)不能通风换气时,应尽量控制灌水时间和方式。最好选在阴天过后的晴天进行,并保证灌水后有 2~3 d 晴天。一天之内,要在上午进行灌水,利用中午这段高温时间使地温尽快升上来,灌水后要通风换气,降低空气湿度。最好采用滴灌或膜下沟灌来减少灌水量和蒸发量,降低室内空气湿度。

5. 使用除湿机

利用氯化锂等吸湿材料,通过吸湿机来降低温室内的空气湿度。

(二)增加空气湿度的方法

空气湿度或土壤湿度过低,会导致作物气孔关闭,影响光合产物的运输,干物质积累缓慢,植株萎蔫。特别是在分苗、嫁接和定植后,需要较高的空气湿度以利缓苗。增加空气湿度的方法主要有减少通风量、喷雾加湿、栽培床上加盖小拱棚、采用畦灌或喷灌等方式。

(三)土壤湿度的调节和控制

温室内土壤湿度的变化不仅影响环境的温度和空气湿度,也会影响土壤的通气、养分和温热状况。调控温室内土壤水分状况的主要技术措施是灌水和排水,应根据温室内不同植物、不同生育时期的需水特性及植物体内的水分状况和温室内环境条件合理确定灌水、排水时间和灌排量。因此,调控温室内土壤湿度是保证温室环境利于植物生长发育的关键技术和重要手段。

二、资料准备

生产基地温室,任务单,笔,温室配套的滴灌或喷灌设施,喷雾降温设备,通风设备,湿帘风机设备等。

任务实施

完成任务单

湿度环境调控设备调查与使用

姓名:__________ 学号:__________ 班级:__________

调查地点: 温室类型: 栽种植物:

湿度环境调控	当前湿度	调控方式	调控设备	操作步骤
土壤湿度				
空气加湿				
空气除湿				
备注				

任务评价

湿度环境调控设备调查与使用评价标准

评价项目	评价内容	评价标准
观测空气湿度	技能要点	正确使用仪器,有错误扣分
调控方法	知识和技能要点	正确总结,有错误扣分
调控效果	知识要点	正确表示,有错误扣分

任务巩固

1. 温室的空气湿度环境调控方法有哪些?
2. 温室的土壤湿度环境调控方法有哪些?

模块四　温室湿度调控设备

工作任务 1　除湿系统使用和维护

任务目标

1. 掌握除湿降温系统的组成及工作过程；
2. 了解除湿降温系统对降温的影响。

素养目标

培养学生学农、爱农、兴农的责任意识，铸牢学生爱岗敬业精神和低碳环保的理念。

任务准备

一、知识准备

除湿系统是先将温室大棚的高温高湿空气进行除湿处理，使空气的相对湿度降低、同温度下空气对应的湿球温度降低，再利用湿帘—风机降温系统进行降温，从而达到对温室大棚大幅度降温的目的，满足高温高湿条件下温室大棚的降温要求。

例如：当温度 $T=38$ ℃，相对湿度为 80%时，空气的湿球温度约为 34.5 ℃，在此条件下用直接蒸发降温法，不能把空气的温度降低到该状态下的湿空气的湿球温度(34.5 ℃)以下。也就是说，在此气候条件下，直接蒸发降温的理论最大降温幅度为 3.5 ℃，这显然不能满足高温条件下的温室大棚降温要求。但是，在相同条件下，若先将相对湿度为 80%的空气经除湿处理后，使其相对湿度降低到 40%，空气的湿球温度将从 34.5 ℃降低到 26 ℃左右，再利用湿帘—风机降温系统降温，其理论降温幅度为 12 ℃左右。这表明，空气经除湿后的降温幅度远远大于未经除湿的直接蒸发降温幅度。

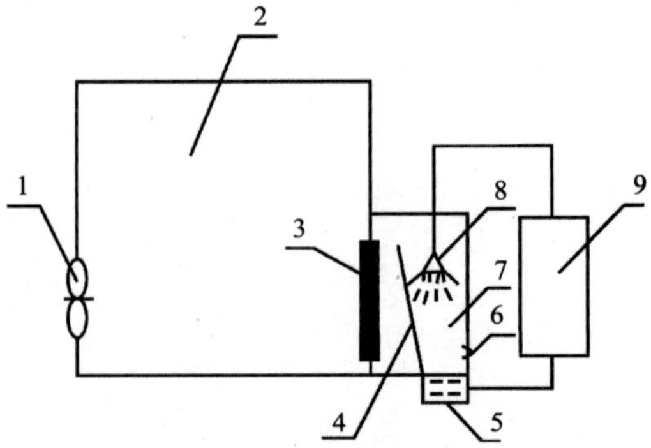

1.风机 2.温室 3.湿帘 4.挡板 5.储液池 6.进风口 7.除湿室 8.喷头 9.除湿剂再生子系统

图 2-4　除湿降温系统

(一)除湿降温系统的组成及工作过程

根据张继元的研究，除湿降温系统主要由湿帘、风机、除湿室、除湿剂再生子系统组成，如图 2-4 所示。

其工作过程是：高温高湿的空气由进风口 6 进入除湿室 7，空气在除湿室上升过程中与喷头 8 喷出的除湿液逆向流动并进行热质交换，使空气的湿度降低；经处理过的空气在风机 1 的作用下通过湿帘 3

进行蒸发冷却，被冷却的空气进入温室大棚 2 达到对温室大棚降温的目的。在除湿室中，除湿剂因吸收空气中的水分而被逐渐稀释，稀释后的溶液流入储液池 5，再由除湿剂再生系统 9 进行再生后再利用。

（二）除湿降温系统降温应用的可行性分析

除湿降温系统是对湿帘风机降温系统的改进，其目的是提高湿帘风机降温系统在高温高湿气候条件下对温室大棚降温的适应性。由于湿帘风机降温系统的技术比较成熟，因此，除湿降温系统的技术关键在于除湿室对空气除湿处理的程度。研究表明，当湿帘风机降温系统的垫面风速在 1.2 m/s 左右、除湿室空气的质量流量在 1.5～3 kg/(m^2 · s)、喷淋量为 27.4 kg/min 时，利用 45％的氯化钙溶液作除湿剂喷淋，可将空气相对湿度从 80％降低到 50％左右；再经湿帘风机降温系统进行降温，可以得到 10 ℃左右的降温幅度。同时，可以通过加大喷淋量、降低除湿剂温度、降低空气在除湿室的流速等方法，来提高除湿效果，使该系统获得更大的降温幅度，满足高温高湿条件下温室大棚的降温要求。

考虑除湿降温系统的投资成本，一般选择价格低廉、吸湿效果好、溶解性好及可再生的工业用氯化钙作为除湿剂，除湿剂的浓度一般配制成 45％左右。在除湿室中，氯化钙溶液由于吸收空气中的水分而稀释，其吸湿能力逐渐降低，必须对稀释后的氯化钙溶液进行再生处理。根据氯化钙溶液的物理特性，稀释的氯化钙溶液在 50～80 ℃的温度条件下可实现再生。因此，可利用太阳能聚热器对氯化钙溶液进行低成本再生。

除湿降温系统不仅可解决高温高湿条件下温室大棚降温难的问题，而且可以降低温室大棚内的湿度和温室大棚内作物的发病率，为作物生长提供适宜的湿度环境。

二、材料准备

1. 除湿降温设备；
2. 与本任务相关的各类材料。

任务实施

通过网络或到图书馆查阅资料，进一步了解除湿降温设备。

任务评价

以小组为学习单位，按照项目、内容和标准进行评价。

评价项目	评价内容	评价标准
除湿降温系统组成	概念的准确性、完整性	正确叙述概念，叙述不清扣分
除湿降温系统工作原理	概念的准确性、完整性	正确叙述概念，叙述不清扣分
除湿降温系统降温效果	概念的准确性、完整性	正确叙述概念，叙述不清扣分

任务巩固

除湿降温系统的组成及工作过程有哪些？

湿帘风机

湿帘水循环系统

项目三　温室光环境监测与调控

岗位任务：

了解温室光照检测设备及其使用方法，理解光照控制的方法及相关设备的正确使用。

技术岗位：

温室管理员

岗位要求：

1. 熟悉温室光照检测设备和温室光照控制设备；
2. 掌握温室光照检测方法和光照控制方法；
3. 配合领导和其他技术人员做好各项工作。

模块一　温室光照环境认识

工作任务1　光照对作物生长的影响

任务目标

1. 掌握光照对作物生长的重要性；
2. 掌握常见作物的光照特性。

素养目标

培养学生学农、爱农、兴农的责任意识，铸牢学生爱岗敬业精神和低碳环保的理念。

任务准备

一、知识准备

地球上几乎所有植物都通过吸收阳光来生长发育，并通过各器官得到的光刺激来获得周围环境条件的有关信息。植物利用光能把CO_2和水转化为碳水化合物的过程称为光合作用，这是地球上所有生物赖以生存和发展的基础。光不仅是植物进行光合作用等基本生理活动的能量源，也是花芽分化、开花结果等形态建成和控制生长过程的信息源。因此，光照是园艺设施中极其重要的环境因素。

温室内的光照环境要素包括光照强度、光照周期和光谱分布等方面。在自然光照下，光照状况随着温室所在的地理位置、季节、时间和气候条件的变化而变化。自然光照环境的某要素不能满足植物生长发育的要求时，就需要进行人工调控。

(一)太阳辐射的光谱能量分布

太阳辐射是自然光照的来源，每秒向地球辐射的能量约为3.8×10^{26} J。大气圈外的太阳辐射的光谱能量分布基本上类似于6000 K黑体的辐射能量分布，由不同波长的连续光谱组成(图3-1)，以0.475 μm波长的辐射能量最强。太阳辐射穿过大气层到达地面时，经过大气中O_3、H_2O、CO_2和尘埃等的吸收和反射，能量衰减至48%左右。由于大气层对太阳辐射有选择吸收的特性，其中，O_3层对紫外辐射、H_2O和CO_2对红外辐射有强烈的吸收，故到达地面时其光谱分布发生了很大变化。到达地面的太阳辐射能量的99%集中在波长0.17～4.00 μm的辐射范围内。其中，可见光(VIS，0.38～0.76 μm)占52%，近红外光(NIR，0.76～2.00 μm)占43%，紫外光(UV，0.17～0.38 μm)和红外光谱(IR，2.00 μm以上)只占其余5%。

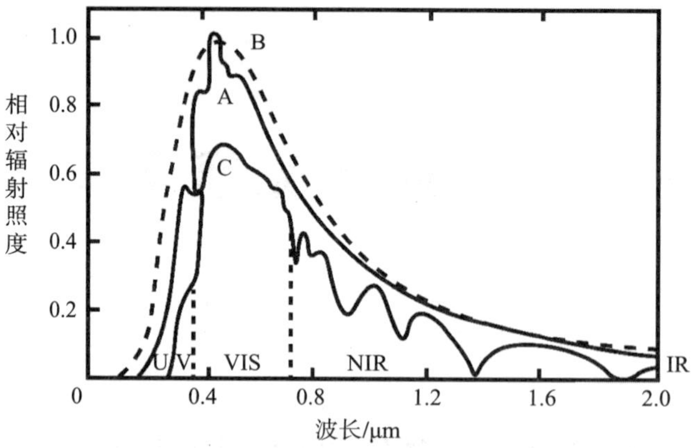

A:大气圈外;B:6000 K 的黑体;C:地表面

图 3-1 太阳辐射分光光谱的相对能量分布

经大气分子、云雾和尘埃等吸收和散射后到达地球表面的太阳辐射由两部分组成:以平行光形式到达地面的称为直接辐射;以散乱光形式到达地面的称为散射辐射,直接辐射和散射辐射之和称为总辐射。照射到单位面积上的辐射能量称为辐射照度,其单位为 W/m^2。经过大气和尘埃的吸收与散射,到达地表的太阳辐射只有大气圈外的(50±5)%,直接辐射和散射辐射约各占一半,其吸收和散射的大致比例随地理位置、时间和气候的变化而变化。例如,晴天时的散射辐射只有到达地表的太阳辐射的10%～20%,阴天或雨天时近100%。投射到物体上的辐射能一部分被吸收,一部分被反射,一部分透过物体。物体吸收、反射和透过的辐射能与到达该物体上的辐射能的百分比,分别称为吸收率、反射率和透过率。

(二)光照强度

对于光照强度,过去采用按人的视觉效应评价的光照度进行度量,单位为 lx(勒克斯)。这是在380～760 nm 的可见光范围内,以对人眼视觉效应最强的 555 nm 光为基准,按人眼的视觉效应对不同波长光区分别计算来进行度量的。但照度用于植物光照强度的评价是不适宜的。对植物生理产生作用的主要是 300～780 nm 的辐射,称为生理辐射。参与光合作用的太阳辐射只有 400～720 nm 的波段,只占太阳辐射的较小一部分,称为光合作用有效辐射。由于植物对辐射具有选择吸收的特性,不同波长光的光合作用效率与人眼的视觉效应是完全不同的。因此,在园艺界已改用单位时间、单位面积上照射的光合有效辐射能量进行度量,称为光合有效辐射照度(PAR,即 Photosynthetically Active Radiation),一般在 400～700 nm 的光辐射范围进行度量,单位为 W/m^2。进一步研究表明,植物光合作用强度与所吸收的光量子数量有关,因此更合理的度量单位为单位时间、单位面积上照射的光合有效辐射范围的光量子数,称为光合有效光量子流密度(PPFD 或 PPF,即 Photosynthetic Photon Flux Density),单位为 $\mu mol/(m^2 \cdot s)$。这几种量的大小均与光谱能量分布状况有关,相互间无固定换算比例关系。只有在确定光源的光谱能量分布下,才有明确的对应关系(表 3-1)。

表 3-1 光合有效辐射照度(W/m^2)、光合有效光量子流密度[$\mu mol/(m^2 \cdot s)$]及照度(klx)之间的换算

换算单位	不同光源				
	太阳辐射	荧光灯	金属卤化灯	高压钠灯	白炽灯
W/m^2/ klx	3.93	2.73	3.13	2.8	3.96
$\mu mol/(m^2 \cdot s)$/ klx	18.1	12.5	14.4	14	19.9
$\mu mol/(m^2 \cdot s)/(W/m^2)$	4.57	4.59	4.59	5	5.02

光照强度是影响作物光合速度的最主要因素。如图 3-2 所示，光照强度为零时，净光合速度为负值（点 A），等于当时的暗呼吸速度。随着光照强度的增强，光合速度线性增大，当光照强度增大到点 B 时，净光合速度为零，光合速度等于呼吸速度，称此时的光照强度为光补偿点。光补偿点以上，净光合速度为正值，光照强度越大，净光合速度越大，但增加幅度逐渐减小。光照强度增大到一定程度时，净光合速度不再提高，此时的光照强度称为光饱和点。当光照强度超过光饱和点时，净光合速度不但不会增加，相反会引起抑制作用，使叶绿素分解而导致生理障碍。

不同作物的光饱和点差异较大，光饱和点还随着环境中 CO_2 浓度的增加而提高（图 3-3）。

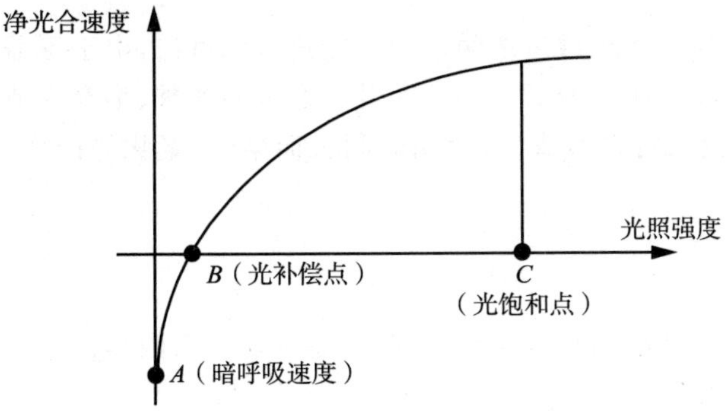

图 3-2 光照强度与净光合速度的相对关系

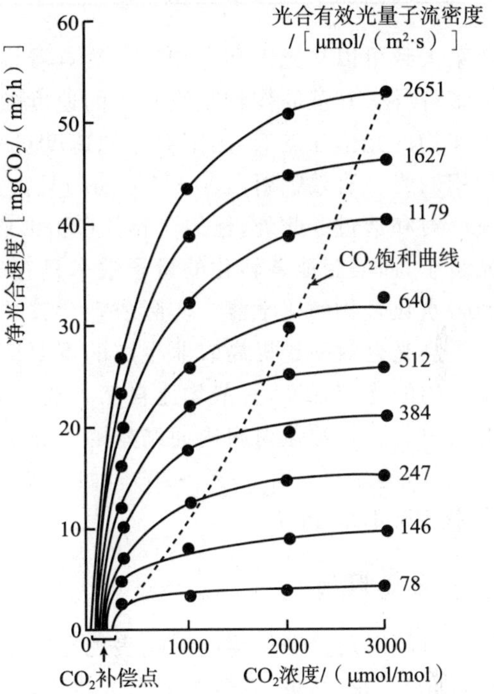

图 3-3 黄瓜净光合速度与光照强度

（资料来源于《设施栽培学》，安井秀夫编，川岛书店，日本，1990）

如果光照强度长时间处于光补偿点之下，作物中有机物的消耗多于积累，则生长缓慢，严重时导致植株枯死。根据蔬菜对光照强度的要求，蔬菜可分为喜光型、喜中光型、耐弱光型蔬菜。多数蔬菜属于喜光型作物，其光补偿点和光饱和点均比较高（表 3-2）。

表 3-2 部分蔬菜作物的光饱和点和光补偿点

蔬菜种类	光饱和点 /[μmol/(m² · s)]	光补偿点 /[μmol/(m² · s)]	测量条件		
			生育阶段(叶期)	叶面积/cm²	通风量/(m³ · h)
番茄	3867	55	4	188	1500
茄子	2210	110	6	446	600
辣椒	1657	83	14	320	600
南瓜	2486	83	2	368	600
西瓜	4420	221	3	250	600
菜豆	1381	83	4	460	600

续表 3-2

蔬菜种类	光饱和点/[μmol/(m²·s)]	光补偿点/[μmol/(m²·s)]	测量条件		
			生育阶段(叶期)	叶面积/cm²	通风量/(m³·h)
甘蓝	2210	110	12	710	600
白菜	2210	83	4	630	600
黄瓜	3039	55	4	341	1800
芹菜	2480	110	3	476	600

蔬菜大致可以从光饱和点和光补偿点看出其对光的依赖性。不同类型作物固定CO_2的速度差别很大。玉米、高粱、甘蔗等作物吸收CO_2的速度随光照强度的增加呈线性增长，对光的依赖性较强。大豆、甜菜等作物的光饱和点低，固定CO_2的速度对光的依赖性低。据统计，农作物对光能的利用率很低。作物可利用的光合有效辐射(400～700 nm)只占太阳辐射总能量的41%，入射到作物表面的太阳辐射约25%被反射和透过。此外，还原1 mol CO_2形成碳水化合物约需469 kJ的能量，大约3 mol生理辐射波段的光量子，而实际能量转化的量子效率只有20%左右。因此，太阳到达地面的总辐射能量的6%可以转化为碳水化合物的化学能。实际农业生产中的农作物光利用效率只有1%左右。因此，研究光能的转化和提高光合效率是提高农业生产的重要课题。

温室内的光照强度，一般均比自然光弱。这是因为自然光透过透明屋面才能进入温室内，由于覆盖材料的吸收、反射，覆盖材料内面结露的水珠折射、吸收等而降低透光率。尤其在寒冷的冬季、早春季节或阴雪天气，透光率只有50%～70%，如果加之透明覆盖材料不清洁，使用时间长而染尘、老化等因素，则透光率甚至不足50%。

(三)光照时间

光照时间对蔬菜等作物的影响表现在三个方面：一是影响光合作用时间；二是影响温室内热量的累积；三是影响开花、结果、着色等形态的建成，即光周期效应。

自然光照周期完全由该地区的地理位置、季节和天气状况来决定。一天内从日出到日落的理论时数称为可照时数，而实际的可照时数与降雨及云雾的多少有关。我国北方地区的年可照时数的季节性差异很大，南方地区的差异相对较小。

实际生产中可根据长日照植物和短日照植物对光照时间的要求，采用一定措施来进行光照周期调控(图 3-4)。长日照植物对暗期要求不高，可以在连续光照条件下开花。短日照植物对暗期的要求很高，只要有某个周期以上的暗期，无论光照时间多少都能诱导花原基的产生。中日性植物无论光照时间如何，开花结果主要与自身的营养关系密切相关。在花卉生产中的光照周期处理只需要在适宜的一定时间内进行，不需要持续到花芽分化为止，这种措施也称为光照周期诱导。另外，光照周期还对地下贮藏器官的形成有重要影响。洋葱和大蒜等鳞茎形成时起决定作用的是光照周期。形成鳞茎的临界光照周期因品种而异，一般为12～16 h，当光照周期加长时更易形成鳞茎。因此，某些作物在实际生产中对播种期和采收期有严格要求。

温室内的光照时数是指温室内作物受光时间的长短。光照时数因温室类型而异。塑料大棚和大型连栋温室，因全面透光，无外覆盖，温室光照时数与露地基本相同。但单屋面温室内的光照时数一般比露地要少，因为在寒冷季节为了防寒保温，往往要覆盖蒲席、草苫等，这些覆盖物的揭盖时间就会直接影响温室内的受光时数，一般在日出后才揭苫，而在日落前就需盖上，尤其短日照季节一天内作物受光时间只有7～8 h，不能满足园艺作物对日照时数的需求。

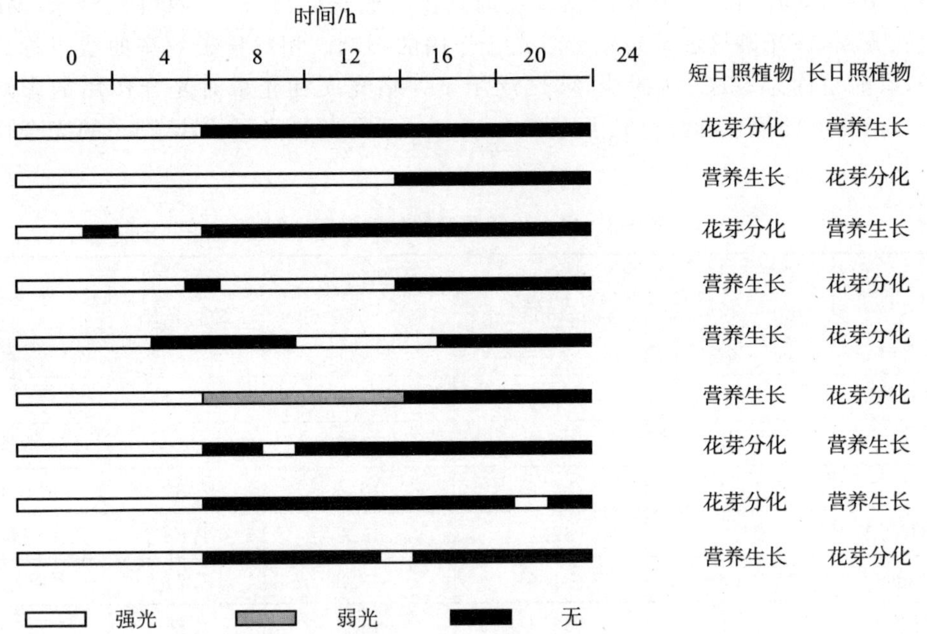

图 3-4　光照周期对短日照植物和长日照植物的影响

(四)光质

光质对作物生长发育的影响与作物色素的光谱吸收特性及色素含量有关。太阳辐射中与植物生理活动有密切关系的光谱范围是紫外光、可见光与近红外光。光合作用的分光特性曲线中有两个峰值,为400～500 nm 的蓝紫光和600～700 nm 的红橙光,对550 nm 左右的绿色光的吸收率较低。植物几乎不能吸收800～2500 nm 的近红外线,这是一种避免高温伤害的自我保护反应(图 3-5)。

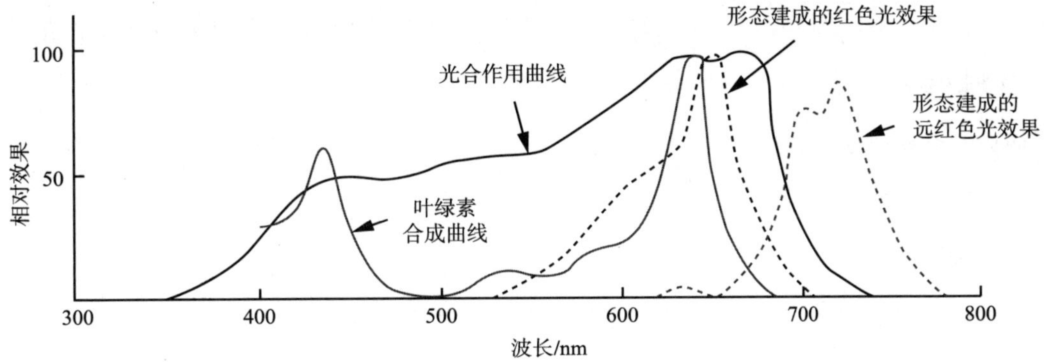

图 3-5　与植物光合作用和形态建成有关的分光特性曲线

光质影响作物生长中的干物质积累,同时对光合产物也产生直接影响。通常红光有利于碳水化合物的合成;蓝光有利于蛋白质的合成;绿光对作物生长有抑制作用;青紫光能抑制作物伸长而形成矮小形态,并促进花青素和叶绿素的形成。红外光主要转化成热能,可改变叶温,从而间接地影响作物生长。紫外光可以抑制作物徒长,促进果实成熟,提高蛋白质和维生素的含量,同时促进花果着色。但 300 nm 以下的紫外光对于多数作物具有杀伤作用,可能导致作物气孔关闭,影响光合作用,增加病菌感染。

不同作物适应于不同的光谱分布。大量实验表明,强光条件下蓝色光促进叶绿素合成,而红色光阻碍其合成。虽然红色光是作物光合作用的重要能量源,但如果没有蓝色光会造成作物形态建成的异常。适当的红色光(600～700 nm)与蓝色光(400～500 nm)的比例(R/B)才能保证培育出健全形态的作物。

红色光谱过多会引起作物徒长，蓝色光谱过多会抑制作物成长（表 3-3）。两位科学家（McCree/Inada）汇集了更佳生长光谱，该光谱显示了光质量对光合作用的影响。相对量子效率曲线也称为屈服光子通量（YPF）曲线，有时也称为 McCree 曲线，被广泛用于评估光质和光量对光合作用的影响。曲线显示（图 3-5），600～630 nm 的橙色和红色光子比 400～540 nm 的蓝色光子多出 25%的光合作用，因此，需要考虑频谱。

表 3-3 光合作用曲线的光质平衡比例

		蓝色光（400～500 nm）/%	绿色光（500～600 nm）/%	红色光（600～700 nm）/%	红蓝光比	备注
光量子感度曲线		27.3	33.3	39.4	1.44	
光合作用曲线	Inada 1	26.7	31.6	41.7	1.56	草本类 26 种平均
	Inada 2	19.4	34.2	46.4	2.39	木本类 7 种平均
	McCree 1	24.0	32.2	43.8	1.83	人工气象室 20 种平均
	McCree 2	25.3	31.6	43.2	1.71	大田作物 8 种平均
平均光合作用曲线		23.8	32.4	43.8	1.84	

此外，有关研究表明，改变红色光（R，600～700 nm）与远红色光（FR，700～800 nm）二者光量子束之比（R/FR），可以改变植物伸长的生长趋势。大 R/FR 能够缩短茎节距而起到矮化植物的效果，小 R/FR 可以促进植物的伸长生长。

温室内光的组成（光质）也是与自然光不同，主要与透明覆盖材料的性质有关。我国的温室多以塑料薄膜为覆盖材料，透过光质就与薄膜的成分、颜色等有直接关系。玻璃温室与硬质塑料板材的特性也影响设施内的光质。此外，一年四季中，光的组成由于气候的改变也会有明显的变化。如紫外光的成分以夏季的阳光中最多，秋季次之，春季较少，冬季则最少。夏季阳光中紫外光的成分是冬季的 20 倍，而蓝紫光比冬季仅多 4 倍。因此，这种光质的变化可以影响到同一种作物不同生产季节的产量及品质。

二、材料准备

1. 当地温室种植的典型作物；
2. 与本任务相关的各类材料。

任务实施

通过网络或到图书馆查阅资料，进一步了解光照对作物生长的影响。

任务评价

以小组为学习单位，按照项目、内容和标准进行评价。

评价项目	评价内容	评价标准
光照相关概念	概念的准确性、完整性	正确叙述概念，叙述不清扣分
园艺作物对不同光照的要求	常见植物的温度要求准确性	正确叙述概念，叙述不清扣分
光照对作物生长发育的影响	概念的准确性、实例	正确叙述实例作物，叙述不清扣分

任务巩固

1. 什么是光照强度、光补偿点、光照周期诱导？
2. 举例说明不同光质对植物生长的影响。

工作任务 2 | 影响温室光照条件的因素

任务目标

1. 掌握温室光照的影响因素；
2. 掌握常见覆盖材料的透光性。

素养目标

培养学生学农、爱农、兴农的责任意识，铸牢学生爱岗敬业精神和低碳环保的理念。

任务准备

一、知识准备

（一）温室的透光率

温室的透光率是指设施内的光照强度与外界自然光照之比。透光率的高低反映了温室的采光能力好坏，透光率越高，说明温室的采光能力越强，温室内的光照条件也越好。温室透光率受到了许多因素的影响，主要有覆盖材料的透光性、温室结构等。

（二）温室透光率的影响因素

1. 覆盖材料的透光性

包括材料对光的吸收率、透射率和反射率。当太阳光照射到覆盖物的表面上时，一部分太阳辐射能量被材料吸收，一部分反射回空中，剩下的部分才透过覆盖材料进入温室内。三部分的关系表示为：

$$吸收率+透射率+反射率=1$$

透光特性与覆盖物的种类、状态有关。不同覆盖材料以及不同状态下的透光特性如下。

理想的覆盖材料应对 400～700 nm 波长的生理辐射具有最大的透过能力，不透过 300 nm 以下的紫外辐射和 3000 nm 以上的红外辐射。300 nm 波长以下的远紫外线的透过率越低，越有利于减缓覆盖材料老化，对避免伤害植物越有利。300～380 nm 波长的近紫外线透过率高对果色、花色、叶色和维生素 C 等的形成有利。一般为了满足冬季增温的要求，对 80～300 nm 波长的红外线透过率较高一些有利，但如主要考虑温室降温的需要时，则应低一些。300～2000 nm 波长的红外辐射的透过率低有利于温室保温。

常用的各种覆盖材料对光合有效辐射的透过特性基本相近，透过率均较高。而对紫外辐射的透过特性有很大差异，透过性较高的覆盖材料依次为聚乙烯薄膜（PE）、聚氯乙烯薄膜（PVC）、丙烯酸板（MMA）和玻璃纤维丙烯酸加强树脂板（FRA）。不同的紫外波段透过率也有所不同。玻璃能透过 310～320 nm 以上的紫外辐射，而聚碳酸酯板（PC）、玻璃纤维聚酯板（FRP）、强化聚乙烯薄膜（PET）紫外辐射透过率很低，如图 3-6 所示。

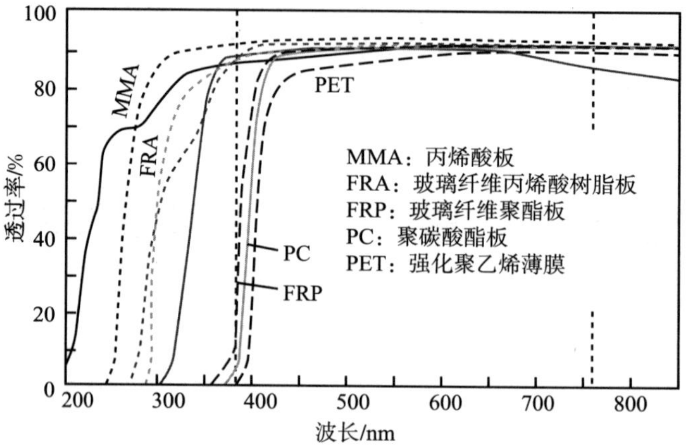

图 3-6 各种覆盖材料的辐射分光透过特性

为了满足某些情况下温室内对光质的特定要求，上述材料也有通过生产中加入某些成分，改变其分光透过特性。采用某些特殊光调节性覆盖材料，可达到改变室内光质、提高产品品质等目的。

覆盖材料对光照的透过率，根据光入射角的不同而会发生很大变化。一般光线入射角越大，透光率越低，但在入射角 40°以下时，其降低程度较小。入射角大于 40°的情况，随着入射角的增大，透光率降低速率显著增大。入射角大于 60°时透光率急剧减少。入射角根据温室围护结构的不同部位和太阳高度的变化而时刻变化，一般对于温室主要采光面(例如屋面等)，应尽量使其在冬季一天之中的主要采光时刻，日光的入射角要小于 40°。

落尘和附着水滴均能降低透明覆盖物的透光率。落尘一般可降低透光率 15%～20%。附着水滴除了对太阳红外光部分有强烈吸收作用外，还能增加反射光量，水滴越大，对覆盖物透光率的影响越明显。一般附着水滴可使覆盖物的透光率下降 20%～30%。两者合计可使覆盖物的透光率下降 50%左右。此外，覆盖材料老化也会降低透光率，一般薄膜老化可使透光率下降 10%左右。

覆盖物的种类和状态对光质也有较大的影响。如聚乙烯膜的红、紫外光部分的透过率稍高于聚氯乙烯膜，散热快，因而保温效果较差。有色薄膜能改变透过太阳光的成分，如浅蓝色膜能透过 70%左右可见的蓝绿光部分和 35%左右的 600 nm 波长的光；绿色膜能透过 70%左右可见光的橙红区和微弱透过 600～650 nm 波长的光。

2. 设施结构

温室的结构材料和设备的遮光可使温室内光照强度降低 10%左右，工程设计中应尽可能减小构件遮光面积。

设施的屋面角度、类型、方位等对设施透光率也有影响。温室屋面倾角大小主要影响光线的入射角，从而影响透光率。较多见的典型情况是东西向温室的南屋面，如图 3-7 所示正午时其光入射角为：

$$\delta = 90° - \beta - \alpha$$

由入射角与透光率的关系可知，为保证有较高透光率，要求 $\delta \leqslant 40°$，则有：

$$\beta \geqslant 50° - \alpha$$

例如，在北京地区(北纬 40°)，冬季正午太阳高度角为 26.5°，则应使 $\beta \geqslant 23.5°$。实际为保证冬季每日有一定时间段透光率较高，则屋面倾角还应更大，理想的情况应有 $\beta > 30°$。

一般东西单栋温室的直接辐射透过率随着屋顶倾角的增大而增加，连栋温室的直接辐射透过率在屋面倾角为 30°时呈现最大值，然后随着屋面倾角的增大而减小。不管温室的建设方位和是否连栋，温

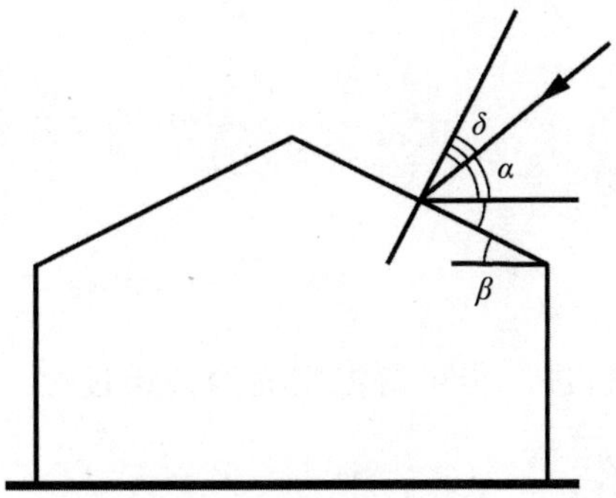

图 3-7 东西向温室正午屋面日光入射角

室内散射辐射透过率随着屋面倾角的增大而减小，但变化不大。

中高纬度地区冬季温室的直接辐射平均透过率按高低排序依次是东西单栋、东西连栋、南北单栋、南北连栋。东西栋温室比南北栋直接辐射平均透过率高 5%～20%，如图 3-8 所示。夏季各温室的变化与冬季正好相反；春秋季的差异较小。无论建设方位如何，单栋温室比连栋温室的直接辐射平均透过率高。各类温室的冬至到夏至的直接辐射平均透过率变化与夏至到冬至的变化呈对称分布。温室类型和建设方位在低纬度地区的直接辐射透过率的差异比中高纬度地区小。

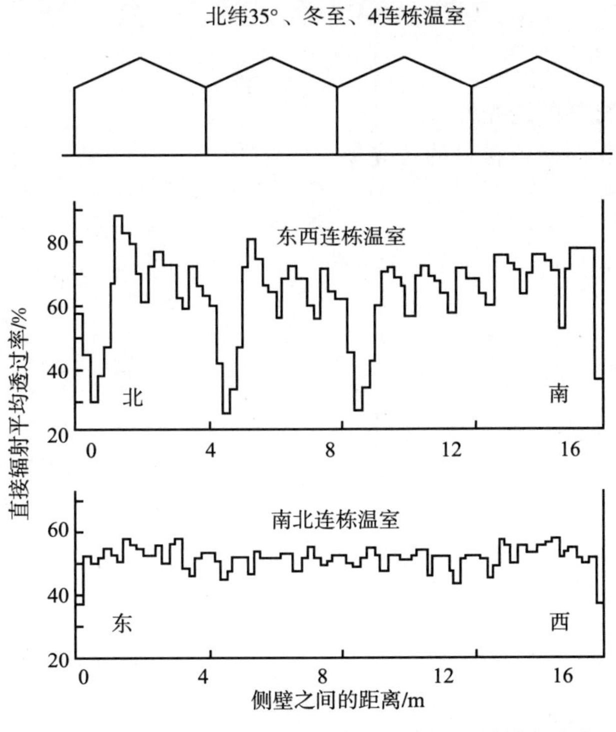

图 3-8 南北与东西栋温室直接辐射透过率的横向分布

（资料来源于《设施园艺与环境调控新技术》，古在丰树编，日本设施园艺协会，1985）

3. 气候条件

因受气候变化的影响，设施内的光照具有明显的季节性变化。总体来讲，低温期大多数时间内，设施内的光照不能满足作物生长的需要，特别是保温覆盖物比较多的温室、阳畦等，其内的光照时间与光照强度更为不足；春秋两季设施内的光照条件有所改善，基本上能够满足栽培需要；夏季设施内光照虽然低于露地，但较强的光照却往往导致设施内的温度过高，产生高温危害。

二、材料准备

1. 当地温室环境的光照变化；
2. 与本任务相关的各类材料。

任务实施

通过网络或到图书馆查阅资料，进一步了解温室光照传递过程。

任务评价

以小组为学习单位，按照项目、内容和标准进行评价。

评价项目	评价内容	评价标准
光照的相关概念	概念的准确性、完整性	正确叙述概念，叙述不清扣分
光传递方式	三种基本光传递方式	正确叙述概念，叙述不清扣分
温室内的光能量平衡	温室的光能量传递过程	正确叙述热平衡过程，叙述不清扣分

任务巩固

1. 什么是透光率？
2. 举例说明不同覆盖材料的透光性。
3. 简述不同纬度地区相同覆盖材料的透光率。

模块二　温室光照监测

工作任务1　光照检测设备的认识

任务目标

1. 掌握辐射检测基本概念；
2. 掌握辐射检测设备的分类。

光照监测

素养目标

培养学生学农、爱农、兴农的责任意识，铸牢学生爱岗敬业精神和低碳环保的理念。

任务准备

一、知识准备

辐射检测包括辐射照度和分光特性两个方面，中国执行国际气象和大气物理学协会辐射委员会从1957年1月1日开始推行国际太阳辐射测定标准（IPS-1956）。单位时间通过单位面积的总辐射量称为辐射照度（W/m^2），单位时间通过单位面积的光量子数称为光量子强度[$\mu mol/(m^2 \cdot s)$]。

辐射计根据测量原理不同可分为热感应型、光量子型和化学反应型。热感应型辐射计的检测原理是利用黑体辐射感应器接收辐射后热量增加、温度升高，而热量增加的程度与辐射能成正比的热效应特性，图3-9为3种热效应型辐射计。辐射计的检测精度受到辐射入射角、外界温度、响应延迟、分光特性、倾斜变化和使用时间等因素影响。散射辐射计使用自动追随遮蔽板把直接辐射和散射辐射分开，却造成了被遮蔽部分的散射辐射的损失。为此，散射辐射计通常需要修正。直接辐射照度的测定可以同时利用总辐射计和散射辐射计来测量。

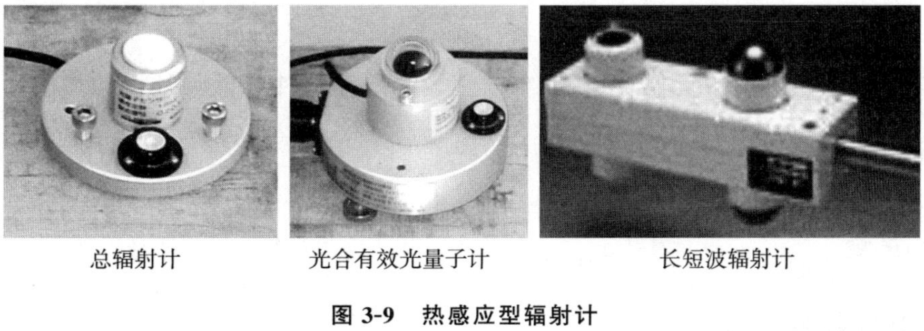

总辐射计　　光合有效光量子计　　长短波辐射计

图3-9　热感应型辐射计

辐射特性的检测还包括辐射的分光特性。分光特性的简易测量可使用精密总辐射计并添加过滤膜来测量某波长以上的分光辐射照度；也可利用多棱镜把入射的辐射进行分光，然后利用计算机修正各波长敏感度。分光光度计根据检测辐射用探头的不同，检测光谱范围有 300～1100 nm，300～2500 nm 或 2～16 μm，光谱分辨率有 1.4、2.0、4.0、6.0、9.5 nm 等。最近，有应用 CCD(图像采集)技术的分光检测仪实现了低成本化和图像多点化。

二、材料准备

1. 辐射检测设备；
2. 与本任务相关的各类材料。

任务实施

通过网络或到图书馆查阅资料，进一步了解温室辐射检测设备。

任务评价

以小组为学习单位，按照项目、内容和标准进行评价。

评价项目	评价内容	评价标准
辐射检测基本概念	概念的准确性、完整性	正确叙述概念，叙述不清扣分
辐射计测量原理	概念的准确性、完整性	正确叙述概念，叙述不清扣分
分光光度计	概念的准确性、完整性	正确叙述概念，叙述不清扣分

任务巩固

1. 解释辐射照度、光量子强度。
2. 说明辐射计测量原理。

工作任务 2 | 光照传感器的使用和维护

任务目标

1. 掌握光照传感器的工作原理；
2. 掌握光照传感器的使用方法。

素养目标

培养学生学农、爱农、兴农的责任意识，铸牢学生爱岗敬业精神和低碳环保的理念。

任务准备

一、知识准备

(一)光电测量原理

光电传感器的工作原理是光电效应。光电效应按其作用原理又分为外光电效应、内光电效应和光生伏特效应。

1. 外光电效应

在光的作用下，物体内的电子逸出物体表面，向外发射的现象称为外光电效应。

只有当光子能量大于逸出功时，即 $h\upsilon > A$ 时，才有电子发射出来，即有光电效应；当光子的能量等于逸出功时，即 $h\upsilon = A$ 时，逸出的电子初速度为 0，此时光子的频率 υ_0 为该物质产生外光电效应的最低频率，称为红限频率。

利用外光电效应制成的光电器件有真空光电管、充气光电管和光电倍增管。

2. 光电导效应(内光电效应)

在光的作用下，电子吸收光子能量从键合状态过渡到自由状态，会引起物体电阻率的变化，这种现象称为光电导效应。由于这里没有电子自物体向外发射，仅改变物体内部的电阻或电导，有时也称为内光电效应。与外光电效应一样，要产生光电导效应，也要受到红限频率限制。

利用光电导效应可制成半导体光敏电阻。

3. 光生伏特效应

在光的作用下，能够使物体内部产生一定方向的电动势的现象称为光生伏特效应。

利用光生伏特效应制成的光电器件有光敏二极管、光敏三极管和光电池等。

(二)光电元件

1. 真空光电管或光电管

光电管种类很多，它是个装有光电阴极和阳极的真空玻璃管，结构如图 3-10 所示。阳极通过 R_L 与电源连接在管内形成电场。光电管的阴极受到适当的照射后便发射光电子，这些光电子在电场作用下被具有一定电位的阳极吸引，在光电管内形成空间电子流(图 3-11)。电阻 R_L 上产生的电压降正比于空间电流，其值与照射在光电管阴极上的光成函数关系。如果在玻璃管内充入惰性气体(如氩、氖等)即构成充气光电管。由于光电子流对惰性气体进行轰击使其电离，可产生更多的自由电子，从而提高光电变换的灵敏度。

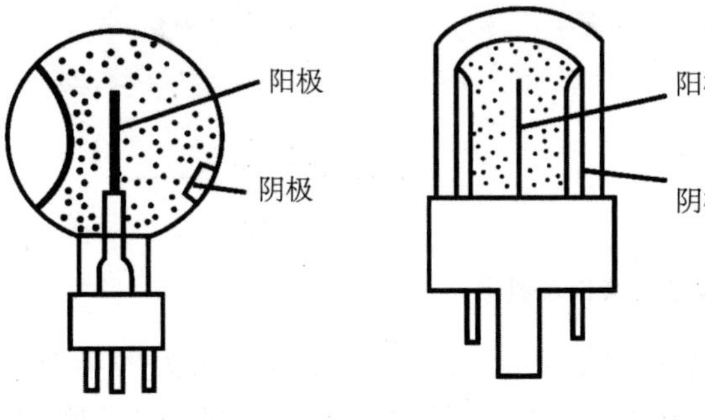

图 3-10 光电管

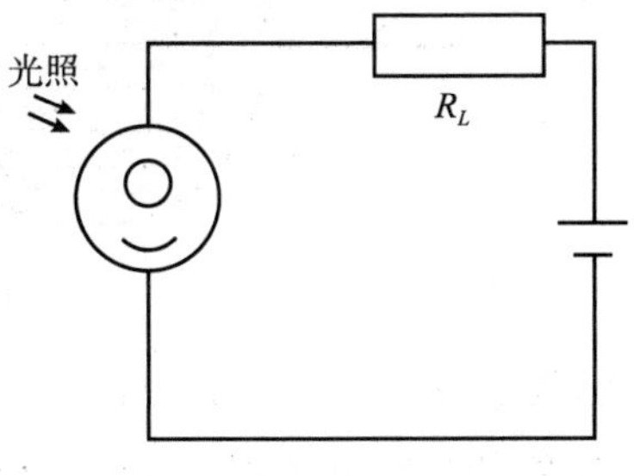

图 3-11 光电管受光照发射电子

2. 光电倍增管

光电倍增管的结构如图 3-12 所示。在玻璃管内除装有光电阴极和光电阳极外，尚装有若干个光电倍增极。光电倍增极上涂有在电子轰击下能发射更多电子的材料。光电倍增极的形状及位置设置得正好能使前一级倍增极发射的电子继续轰击后一级倍增极。在每个倍增极间均依次增大加速电压。设每级的倍增率为 δ，若有 n 级，则光电倍增管的光电流倍增率将为 δn。

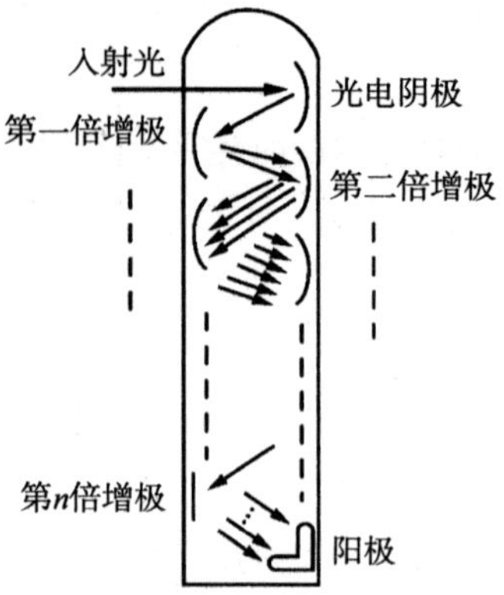

图 3-12　光电倍增管

3. 光敏电阻(photo resistors)

光敏电阻是一种电阻器件,其工作原理如图 3-13 所示。使用时,可加直流偏压(无固定极性),或加交流电压。光敏电阻的工作原理是基于光电导效应,其结构是在玻璃底板上涂一层对光敏感的半导体物质,两端有梳状金属电极,然后在半导体上覆盖一层漆膜,如图 3-14 所示。

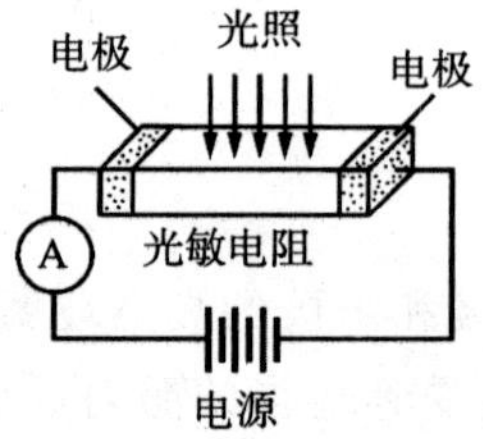

图 3-13　光敏电阻的工作原理

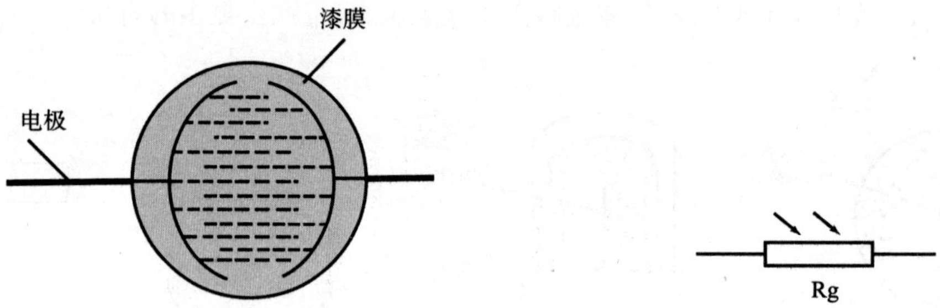

图 3-14　光敏电阻结构及符号

光敏电阻中光电导作用的强弱是用其电导的相对变化来标志的。禁带宽度较大的半导体材料,在室温下热激发产生的电子-空穴对较少,无光照时的电阻(暗电阻)较大。因此光照引起的附加电导就十分明显,表现出很高的灵敏度。

为了提高光敏电阻的灵敏度,应尽量减小电极间的距离。对于面积较大的光敏电阻,通常采用光敏电阻薄膜上蒸镀金属形成梳状电极。为了减小潮湿对灵敏度的影响,光敏电阻必须带有严密的外壳封装。光敏电阻灵敏度高,体积小,重量轻,性能稳定,价格便宜,因此在自动化技术中应用广泛。

4. 光敏晶体管

光敏二极管(photodiode) PN 结可以光电导效应工作,也可以光生伏特效应工作。如图 3-15 所示,处于反向偏置的 PN 结,在无光照时具有高阻特性,反向暗电流很小。当光照时,结区产生电子—空穴对,在结电场作用下,电子向 N 区运动,空穴向 P 区运动,形成光电流,方向与反向电流一致。光的照度越大，光电流越大。由于无光照时的反偏电流很小，一般为纳安数量级，因此光照时的反向电流基本上与光强成正比。

光敏三极管(photo transistors)可以看成是一个 bc 结为光敏二极管的三极管。其原理和等效电路见图 3-16。在光照作用下，光敏二极管将光信号转换成电流信号，该电流信号被晶体三极管放大。

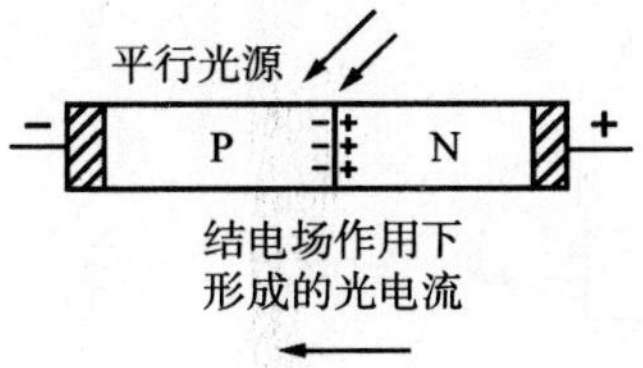

图 3-15　光电二极管原理图

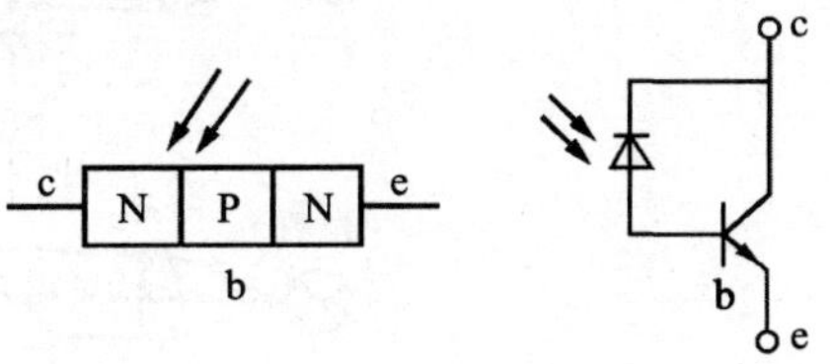

图 3-16　光电三极管原理图

(三)光电式传感器的类型

光电式传感器按其输出量性质可分为模拟式光电传感器和开关式光电传感器两大类。

1. 模拟式光电传感器

这类传感器将被测量转换成连续变化的光电流，要求光电元件的光照特性为单值线性，而且光源的光照均匀恒定。其工作方式如下。

(1)辐射式　被测物体本身是光辐射源，其释放出的光射向光电元件。光电高温计、光电比色高温计、红外侦察、红外遥感和天文探测等均属于这一类。这种方式还可用于防火报警、火种报警和构成光照度计等。

(2)吸收式　被测物体位于恒定光源与光电元件之间，根据被测物对光的吸收程度或对其谱线的选择来测定被测参数。如测量液体、气体的透明度、混浊度，对气体进行成分分析，测定液体中某种物质的含量等。

(3)反射式　恒定光源释出的光投射到被测物体上，再从其表面反射到光电元件上，根据反射的光通量多少测定被测物表面性质和状态。例如测量零件表面粗糙度、表面缺陷、表面位移以及表面白度、露点、湿度等。

图 3-17 为反射式光电传感器示意图。图中(a)、(b)是利用反射法检测材质表面粗糙度和表面裂纹、凹坑等疵病的传感器示意图。(a)为正反射接收型，用于检测浅小的缺陷，灵敏度较高；(b)为非正反射接收型，用于检测较大的几何缺陷；(c)是利用反射法测量工件尺寸或表面位置的示意图，当工件位移 Δh 时，光斑移动 Δl，其放大倍数为 $\Delta l/\Delta h$。在标尺处放置一排光电元件即可获得尺寸分组信号。

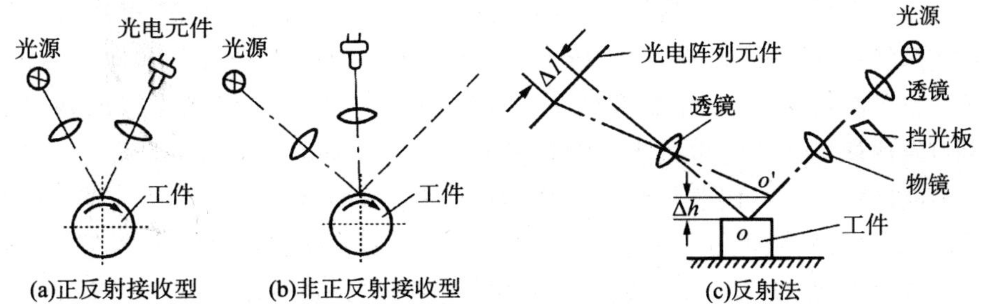

图 3-17　反射式光电传感器示

(4)透射式(遮光式)　被测物位于恒定光源与光电元件之间，根据被测物阻挡光通量的多少来测定被测参数。

图 3-18 为透射式光电传感器示意图。这种传感器将被测对象作为光闸，主要用于测小孔、狭缝、细丝直径等。

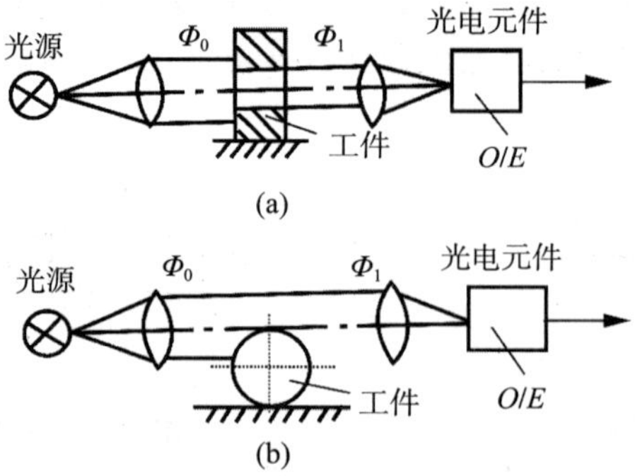

图 3-18 透射式光电传感器示意图

(5)时差测距式 恒定光源发出的光投射于目的物，然后反射至光电元件，根据发射与接收之间的时间差测出距离。这种方式的特例为光电测距仪 。

2. 开关式光电传感器

这类光电传感器利用光电元件受光照或无光照时“有”“无”电信号输出的特性将被测量转换成断续变化的开关信号。为此，要求光电元件灵敏度高，而对光照特性的线性要求不高。

旋转式编码器有两种——增量编码器和绝对编码器。

增量编码器输出是一系列脉冲，需要一个计数系统对脉冲进行累计计数。一般还需要一个基准数据即零位数据才能完成角位移的测量。严格地说，绝对编码器才是真正的直接数字式传感器，它不需要基准数据，更不需要计数系统。它在任意位置都可给出与位置相对应的固定数字码输出。

(1)脉冲盘式角度一数字编码器

脉冲盘式角度一数字编码器需三条码道。码盘最外圈的码道上均布有相当数量的透光与不透光的扇形区，这是用来产生计数脉冲的增量码道。扇形区的多少决定了编码器的分辨率，扇形区越多，分辨率越高。例如，一个每转 5000 脉冲的增量编码器，其码盘的增量码道上共有 5000 个透光和不透光扇形区。中间一圈码道上有与外圈码道相同数目的扇形区，但错开半个扇形区，作为辨向码道。在正转时，增量计数脉冲波形超前辨向脉冲波形 $\pi/2$；反转时，增量计数脉冲滞后 $\pi/2$。这种辨向方法与光栅的辨向原理相同。同样，用这两个相位差为 $\pi/2$ 的脉冲输出可进一步作细分。第三圈码道上只有一条透光的狭缝，它作为码盘的基准位置，所产生的脉冲信号将给计数系统提供一个初始的零位(清零)信号。

(2)码盘式角度一数字编码器

通常编码器的编码盘与旋转轴连接，沿码盘的径向固定数个敏感元件(这里是电刷)。每个电刷分别与码盘上的对应码道直接接触，如图 3-19 所示为一个 4 位二进制编码器的码盘示意图。它是在一个绝缘的基体上制有若干金属区(图中涂黑部分)。全部金属区连在一起构成导电区域，并通过一个固定电刷(图上未示出)供电激励。固定电刷压在与旋转轴固联的导电环上。所以，无论转轴处于何位置，都有激励电压加在导电区域上。当码盘与轴一起旋转时，四个电刷分别输出信号。若某个电刷与码盘导电区接触，该电刷便被接到激励电源上，输出逻辑“1”电平。若某电刷与绝缘区相接触，则输出逻辑“0”电平。在各转角位置上，都能输出一个与转角位置相对应的二进制编码。绝对编码器二进制输出的每一位都必须有一个独立的码道。一个编码器的码道数目决定了该编码器的分辨力。一个 n 位的码盘，它的分辨角度为 $\alpha=360°/2^n$ 显然，n 越大，能分辨的角度就越小，测量角位移也就越精确。为了得到高的分辨力和精度，就要增大码盘的尺寸，以容纳更多的码道。

编码器的精度取决于码盘本身的精度、码盘与旋转轴线的不同心度和不垂直度误差。接触式编码

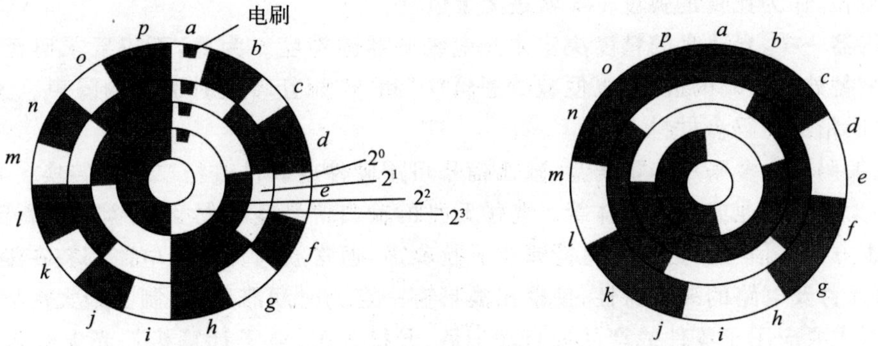

(a) 8421码的码盘 (b) 四位循环码的码盘

图 3-19 接触式编码器示意图

器最大的缺点在于电刷与码盘的直接接触，接触磨损会影响其寿命，降低可靠性。因此不适宜在转速较高或具有振动的环境中使用。

从图 3-19 中可见，当电刷从位置 7 转到 8 时，四个电刷中有三个电刷从导电区移至绝缘区，另一个电刷则相反变化，对应的二进制输出从 0111 变成 1000。四个电刷只有同时改变接触状态(即同步)才能得到正确的输出码变化。若其中某一个电刷与其他三个电刷不同步，例如，第 3 码道上的电刷 B_2 先离开导电区，则输出码先变 0101，然后再变为 1000。显然出现 0101 是错误的，但即使使用最精密的制造技术，也难以做到所有电刷完全同步。因此就会输出一个错误的编码。解决错误的方法有多种，最常用的方法是采用格雷码编码技术。

从编码技术上分析，造成错码的原因是从一个码变为另一个码时存在着几位码需要同时改变。若每次只有一位码改变，就不会产生错码，例如格雷码(循环码)。格雷码的两个相邻数的码变化只有一位码是不同的。从格雷码到二进制码的转换可用硬件实现，也可用软件来完成。

(3)光电式角度一数字编码器

接触式编码器的实际应用受到电刷的限制。目前应用最广的是利用光电转换原理构成的非接触式光电编码器。由于其精度高，可靠性好，性能稳定，体积小和使用方便，在自动测量和自动控制技术中得到了广泛应用。

光电编码器的码盘通常是一块光学玻璃。玻璃上刻有透光和不透光的图形。它们相当于接触式编码器码盘上的导电区和绝缘区，如图 3-20 所示。编码器光源产生的光经光学系统形成一束平行光投射在码盘上，并与位于码盘另一面成径向排列的光敏元件相耦合。码盘上的码道数就是该码盘的数码位数，对应每一码道有一个光敏元件。当码盘处于不同位置时，各光敏元件根据受光照与否转换输出相应的电平信号。

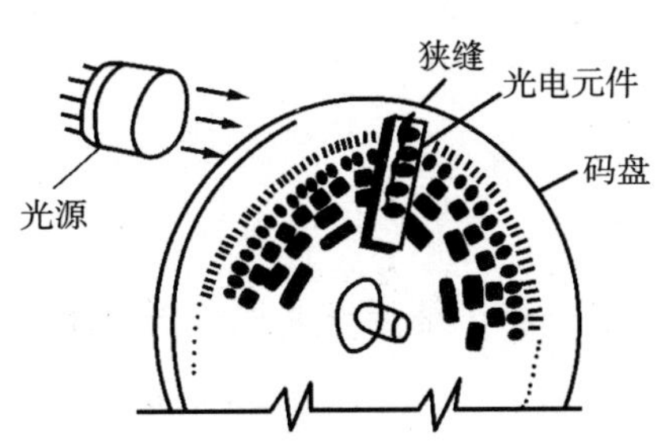

图 3-20 光电式角度-数字编码器结构示意图

光学码盘通常用照相腐蚀法制作。现已生产出径向线宽为 6.7×10^{-8} rad 的码盘，其精度高达 1×10^{-8}，rad 就是一段圆弧的长度 S 与圆半径 R 的比值 $\alpha=S/R$，用于表示这段圆弧所对应的角度的大小。

S、R 都是长度单位，作为比值的弧度 rad 就是无单位的。

与其他编码器一样，光码盘的精度决定了光电编码器的精度。为此，不仅要求码盘分度精确，而且要求其在阴暗交替处有陡峭的边缘，以便减少逻辑“0”和“1”相互转换时引起的噪声。这要求光学投影精确，并采用材质精细的码盘材料。

目前，光电编码器大多采用格雷码盘，输出信号可用硬件或软件进行二进制转换。光源采用发光二极管，光敏元件为硅光电池或光电晶体管。光敏元件的输出信号经放大及整形电路，得到具有足够高的电平与接近理想方波的信号。为了尽可能减少干扰噪声，通常放大及整形电路都装在编码器的壳体内。此外，由于光敏元件及电路的滞后特性，使输出波形有一定的时间滞后，限制了最大使用转速。

这类传感器主要应用于零件或产品的自动记数、光控开关、电子计算机的光电输入设备、光电编码器以及光电报警装置等方面。

图 3-21 为光电式数字转速表工作原理图。图(a)表示转轴上涂黑白两种颜色的工作方式。当电机转动时，反光与不反光交替出现，光电元件间断地接收反射光信号，输出电脉冲。经放大整形电路转换成方波信号，由数字频率计测得电机的转速。图(b)为电机轴上安装一齿数为 z 的调制盘[相当图(a)电机轴上黑白相间的涂色]的工作方式。其工作原理与图(a)相同。若频率计的计数频率为 f，由下式：

$$n=60f/z$$

即可测得转轴转速 n(r/min)。

编码器以其高精度、高分辨率和高可靠性而被广泛用于各种位移测量。编码器按结构形式有直线式编码器和旋转式编码器之分。

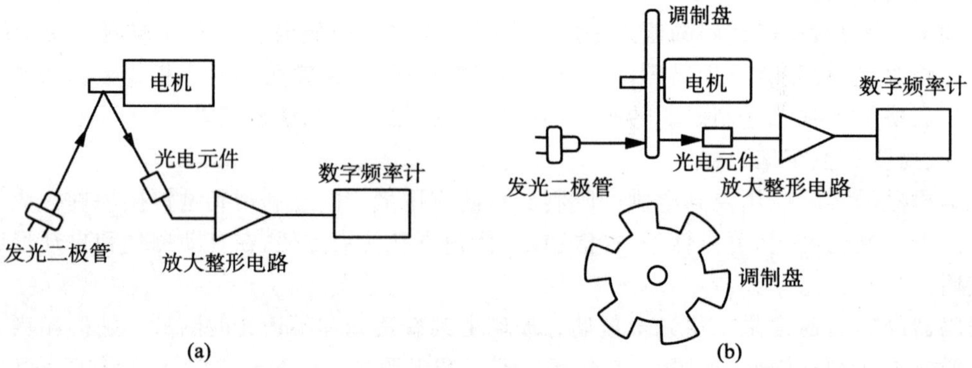

图 3-21　光电式数字转速表工作原理图

二、材料准备

1. 光照检测设备；
2. 与本任务相关的各类材料。

光照计操作

任务实施

通过网络或到图书馆查阅资料，进一步了解温室光照检测设备。

任务评价

以小组为学习单位，按照项目、内容和标准进行评价。

评价项目	评价内容	评价标准
光照检测设备工作原理	概念的准确性、完整性	正确叙述概念，叙述不清扣分
光照检测设备使用方法	使用注意事项	正确操作设备，操作不当扣分
光照检测设备维护	维护方法	正确叙述维护方法，叙述不清扣分

任务巩固

1. 简述光电传感器的使用步骤。
2. 简述光电传感器的使用方法。

工作任务3　温室内光照分布特性

任务目标

1. 掌握温室、植物工厂的光照分布特性；
2. 掌握光照检测设备的使用方法。

素养目标

培养学生学农、爱农、兴农的责任意识，铸牢学生爱岗敬业精神和低碳环保的理念。

任务准备

一、知识准备

露地栽培作物在自然光下分布是均匀的，园艺设施内则不然。例如，单屋面温室的后屋面及东、西、北三面有墙，都是不透光部分，在后屋面下部或墙附近往往会有遮荫。朝南的透明屋面下，光照明显优于北部。据测定，温室栽培床的前、中、后排黄瓜产量有很大的差异，前排光照条件好，产量最高，中排次之，后排最低，反映了光照分布不均。单屋面温室后面的仰角大小不同，也会影响透光率。园艺设施内不同部位的地面，距屋面的远近不同，光照条件也不同。垂直方向上，不同部位的光照差异也比较明显，一般表现为由下向上，光照逐渐增强。

园艺设施内光分布的不均匀性使得园艺作物的生长也不一致，影响产量且成熟期也不一致。弱光区的产品品质差，且商品合格率低。因此设施栽培必须通过各种措施，尽量减轻光分布不均匀的负面效应。

二、材料准备

1. 光照检测设备；
2. 与本任务相关的各类材料。

任务实施

在温室和植物工厂进行光照强度检测实验，进一步了解农业设施内光照分布特点。

任务评价

以小组为学习单位，按照项目、内容和标准进行评价。

评价项目	评价内容	评价标准
光照的分布情况分析	概念的准确性、完整性	正确叙述概念，叙述不清扣分
光照的检测设备使用方法	使用注意事项	正确操作设备，操作不当扣分
光照的检测设备维护	维护方法	正确叙述维护方法，叙述不清扣分

任务巩固

1. 温室光照分布特性。
2. 植物工厂光照分布特性。

模块三　温室光照调控措施及设备

工作任务1　温室内光照条件的调控措施及设备

任务目标

1. 掌握温室内光照调控的措施；
2. 掌握人工补光设备的使用方法。

光照调控措施

素养目标

培养学生学农、爱农、兴农的责任意识，铸牢学生爱岗敬业精神和低碳环保的理念。

任务准备

光照调控设备

一、知识准备

（一）增加光照

增加光照的方式主要有以下几种。

1. 合理的设施结构和布局

（1）选择适宜的建筑场地及合理的建筑方位。根据温室生产的季节和当地的自然环境确定，如地理纬度、海拔高度、主要风向、周边环境（有否高大建筑物、地面平整与否等）。

（2）设计合理的屋面坡度。单屋面温室主要设计好后屋面仰角、前屋面与地面交角和后坡长度，既保证透光率高也兼顾保温效果。温室屋面角要保证尽量多进光，还要防风、防雨（雪），排雨（雪）水顺畅。

（3）合理的透明屋面形状。生产实践证明，拱圆形屋面采光效果好。

（4）骨架材料。在保证温室结构强度的前提下尽量用细材，以减少骨架遮荫，梁柱等材料也应尽可能少，如果是钢材骨架，可取消立柱，对改善光环境很有利。

（5）选用透光率高且透光保持率高的透明覆盖材料。我国以塑料薄膜为主，应选用防雾滴且持效期长、耐候性强、耐老化性强的优质多功能薄膜、漫反射节能膜、防尘膜、光转换膜。大型连栋温室有条件的可选用PC板材。

2. 改进栽培管理措施

（1）覆盖透光率比较高的新薄膜。一般新薄膜的透光率可达90%以上，使用一年后的旧薄膜，视薄膜的种类不同，透光率一般下降为50%～60%，覆盖效果比较差。

（2）保持透明屋面洁净。塑料薄膜温室屋面的外表面少染尘，经常清扫以增加透光，内表面应通过防风等措施减少结露(水珠凝结),提高透光率。

(3)合理揭覆盖物。在保温的前提下,尽可能早揭晚盖外保温和内保温覆盖物,增加光照时间。在阴雨雪天,也应揭开不透明的覆盖物,在确保防寒保温的前提下时间越长越好,以增加散射光的透光率。双层膜温室可将内层改为白天能拉开的活动膜,以利光照。

(4)保持膜面平展。棚膜变松、起皱时,反射光量增大,透光率降低,应及时拉平、拉紧。

(5)及时消除薄膜内面上的水膜。常用方法:一是拍打薄膜,使水珠下落;二是定期向膜面喷洒除滴剂或消雾剂,有条件的地方应尽量覆盖无滴膜。

(6)合理安排种植密度、行向。为减少作物间的遮荫,密度不可过大,否则作物在温室内会因高温、弱光发生徒长。作物行向以南北行向较好,没有死阴影。若是东西行向,则行距要加大,尤其是北方单屋面温室更应注意行向。高架作物则宜实行宽窄行种植,并适当稀植。

(7)加强植株管理。黄瓜、番茄等高秧作物及时整枝打杈,及时吊蔓或插架,并用透明绳架吊拉植株茎蔓等。进入盛产期时还应及时将下部老叶摘除,以防止上下叶片相互遮荫。

此外温室栽培应选用较耐弱光的品种,还可采用有色薄膜,人为地创造某种光质,以满足某种作物或某个发育时期对该光质的需要,获得高产、优质。但应注意有色覆盖材料透光率偏低,只有在光照充足的前提下改变光质才能收到较好的效果。

3. 利用反射光

一是在地面上覆盖反光地膜;二是在设施的内墙面或风障南面等张挂反光薄膜,可使北部光照增加50%左右;三是将温室的内墙面及立柱表面涂成白色。

(二)人工补光

连续阴天以及冬季温室采光时间不足时,应进行人工补光。

1. 人工光源的选择标准

人们在选择人工光源时,一般参照以下的标准来进行选择。

(1)人工光源的广谱性能。根据植物对光谱的吸收性能,光合作用主要吸收0.4～0.5 μm的蓝、紫光区和0.6～0.7 μm的红光区。因此要求人工光源光谱中富有红光和蓝、紫光。

温室补光系统

(2)发光效率。光源发出的光能与光源的电功率之比称为光源的发光效率。光源的发光效率越高,所消耗的电能越小,这对节约能源、减少经济支出都有明显的效益。光源所消耗的电能,一部分转变为光能,其余的转变为热能。

(3)其他因素。在选择人工光源时还应考虑到其他一些因素,如光源的寿命、安装维护方便、价格等。

2. 人工光源的选择

自然光虽然具备植物生长发育所需要的光谱和光照强度,但是由于受地理位置、季节和气象条件等的影响很难得到准确调控。因此,自然光并不是植物生产中最理想的光源。对于日光温室蔬菜生产补光的目的来讲,主要是补充光照强度、延长光照时间,所以要选择光谱性能好、发光效率高、光强大的光源,同时考虑价格便宜、使用寿命长的问题。

人工光源按照发光原理可分为热辐射和放电发光两大类,在植物生产中已普遍使用的有白炽灯、荧光灯、金属卤化灯和高压钠灯。一般而言,白炽灯是热辐射,红外线比例较大,发光效率低,但价格便宜,主要应用于光周期的照明光源;荧光灯发光效率高、光色好、寿命长、价格低,但单灯功率较小,只用于育苗;高压水银灯功率大、寿命长、光色好、适合温室补光;金属卤化物灯具有光效高、光色好、寿命长和功率大的特点,是最理想的人工补光的光源。

近年来，发光二极管（Light-Emitting Diode，LED）和激光（Laser Diode，LD）也被用于作物生产的应用研究。各种作物生产用人工光源的分光特性和使用效率的对比见表 3-4 和表 3-5。

表 3-4 各种荧光灯、金属卤化灯、高压钠灯及发光二极管的分光特性

		荧光灯				金属卤化灯	高压钠灯	发光二极管	
		白色标准型	白色三基色	红色	蓝色			红色 LED	蓝色 LED
光合有效光量子流密度/[μmol/(m² · s)]		100	100	100	100	100	100	100	100
光量子流密度[μmol/(m² · s)]	300～400nm	3.1	3.9	3.7	2.2	7.2	0.6	0	0
	400～500 nm	23.2	15.8	65.3	3.9	18.4	5.1	0	96.1
	500～600 nm	52.8	39.5	32.0	30.7	55.9	58.4	0.2	4.0
	600～700 nm	24.8	45.4	3.7	66.5	26.7	38.6	99.9	0.2
	700～800 nm	8.9	9.0	3.3	23.2	8.7	8.2	0.2	0.2
R/FR (600～700 nm)/(700～800 nm)		2.79	5.08	1.10	2.87	3.09	4.71	562	0.98
R/FR (660±5nm)/(730±5nm)		3.81	9.70	2.70	8.01	2.74	6.03	4148	0.81
P_{FR}/P_R		0.76	0.79	0.69	0.76	0.77	0.78	0.67	0.82

注：资料来源于后藤秀司，2003，SHITA Report No. 19，日本植物工厂学会

表 3-5 各种人工光源的特性指标比较

人工光源	功率/W	发光效率/(lm · W⁻¹)	可视光比/%	使用寿命/h	标准价格/日元	光源成本/(日元 · lm⁻¹ · 1000h⁻¹)
白炽灯	100	15	21	1,000	190	127
低压钠灯	180	175	35	9,000	29,800	105
高压钠灯	360	125	32	12,000	24,500	45
金属卤化灯	400	110	30	6,000	13,300	50
高频荧光灯	45	100	34	12,000	1,400	26
微波灯	130	38	30	10,000	30,000	607
红色 LED	0.04	20	90	50,000	10	50
红色 LD	0.20	35	90	50,000	500	1,420

注：资料来源于《密闭型育苗生产补光应用》，古在丰树编，养贤堂，日本，1999

（1）白炽灯和卤钨灯　白炽灯的发光原理是在抽成真空的灯泡或灯管中通过电流达到 2000 ℃以上高温使钨丝发光。卤钨灯是在灯泡或灯管中充入少量的碘或溴等卤素蒸汽制成碘钨灯或溴钨灯，在白炽温度下钨丝蒸发形成碘化钨或溴化钨，蒸汽中的钨会在钨丝上沉积从而防止玻壳黑化，寿命比普通白炽灯提高一倍以上。通常，白炽灯的平均寿命为 1000 h，而卤钨灯为 2000 h 以上。白炽灯和卤钨灯的辐射光谱主要在红外范围，可见光所占的比例很小，发光效率较低。但由于结构简单和价格便宜，可以在 0～220 V 电压范围内通过增减电压而调节光照强度，故仍然被大量用于温室设施的光合和日长的补光。

（2）荧光灯　它是一种低压气体放电灯，玻璃管内壁涂有荧光粉，管内充有水银蒸汽和惰性气体，其

分光特性随管内所涂荧光材料而异。采用卤磷酸钙荧光粉制成的白色荧光灯的发射光谱范围在350～750 nm，峰值为580 nm，较接近太阳辐射。采用混合荧光粉制成的植物生长灯在红橙光区有一个峰值，在紫光区还有一个峰值，与叶绿素吸收光谱吻合。荧光灯光谱性能适合于植物生长，发光效率高，寿命较长，近年来多用于组织培养、种苗生产等人工光植物生产系统。

(3)高压水银灯　它是一种高强度放电灯，其核心是放电管，管内装有主、副电极，并充有202～405 kPa的水银蒸汽和少量氩气，气体放电中水银分子增加并由于电子冲击引起激发和电离而产生辐射。在可见光区域有5条辐射谱线，分布在405～559 nm的蓝绿光波段，光色呈浅蓝绿色。高压水银灯的红色光谱成分较少，还有3.3%左右的紫外辐射。其分光特性不太适合于作物生产，故主要用于日常补光，但较少使用。

(4)高压水银荧光灯　发生原理是在高压水银灯的玻璃壳的内壁上涂荧光材料，使紫外辐射转化为可见光。根据所涂荧光材料不同，红色成分增加，光色得以改善。高压水银荧光灯的发光效率为40～60 lm/W，寿命在5000 h左右。其发光效率略低于荧光灯，但其功率可高达1000 W，常用于设施园艺的光合补光。

(5)金属卤化灯　是在高压汞灯的基础上发展起来的，它由一个透明玻璃外壳和一根耐高温的石英玻璃放电管组成，放电管内除汞蒸气外还添加了溴化锡、碘化钠或碘化铊等金属化合物。灯点燃后，金属卤化物形成蒸气，在放电过程中，元素激发产生不同波长的辐射，使灯的发光效率和光色得以改善。金属卤化灯的发光效率为80～120 lm/W，寿命在6000 h左右，常用于设施园艺的光合补光。

(6)高压钠灯与低压钠灯　高压钠灯的结构与金属卤化灯类似，在灯泡内充高压钠蒸气，添加少量汞和氙等金属卤化物帮助起辉，灯泡寿命在12000 h。低压钠灯放电管内充以低压钠蒸气，只有589 nm的发射波长，发光效率最高，是国内外园艺栽培中应用最广泛的人工光源，常用于光合补光。

(7)LED光源　近年来，在电子通信行业广泛使用的LED制作成光源板应用到植物生产中。GaAlAs的红色LED(660 nm)的发光效率达到了22%以上，GaN的蓝色LED(410 nm，470 nm)的发光效率也达到了8%以上，发蓝色光的lnGaN半导体和发黄绿光的YAG(Yttrium Aluminum Garnet)合金一体化的白色LED的发光效率在不断提高。LED的单色光谱域宽在±20 nm左右，使用与植物光合作用和形态建成的光谱范围吻合。LED光源板用于植物生产有如下的好处：①可调控光源的光质分布；②实现了与植物的近距照明；③脉冲照射能促进植物生长；④使植物生产设施小型化和高耐久性。但目前由于成本问题还没有得到普及。

(8)LD光源　激光具有小型、重量小、低电压、功率高、发光效率好、脉冲发光、干涉性好、寿命长等优点。AlGaAs系的红色LD(650 nm)、AlGaAs系的蓝色LD(430 nm，450 nm)的发射光谱与叶绿素吸收光谱基本一致，因此，激光是适合于植物生产的。LD光源的发光效率均在60%左右，连续脉冲输出可达到数十毫瓦，目前仅有少数研究。

最早在植物生产中应用的人工光源是白炽灯，最普遍使用的是高压钠灯(表3-5)。高压钠灯主要用于兰花和秋海棠的补光光源、育种选拔或人工气象室的照明光源。金属卤化灯的青色光成分多且近似于自然光，所以常用于果树的补光照明。人工光源的光转换效率最高的是微波灯，其次是低压钠灯，然后是高压钠灯和荧光灯。周围气温25 ℃、气流速度0.2 m/s的环境条件下，高压钠灯和金属卤化物灯的表面温度会上升到150～200 ℃。因此，来自这两种光源的长波辐射(1.5～15 μm)对植物的发热影响不可忽略。虽然高压钠灯和金属卤化灯的功率大，发光效率好，却必须与植物栽培面保持1～2 m的距离才能基本保证植物栽培面的光合有效光量子流密度的均匀分布，且不至于灼伤植物，这样就造成了光利用效率的降低。相同环境条件下，荧光灯的管面温度只有40 ℃，可以把荧光灯设置在距离植物10～30 cm的位置，平行配置长管状荧光灯还可实现光合有效光量子流密度在植物栽培面的均匀分布。以光照周期12 h、使用3年左右即点灯时间为12000 h来计算光源成本及耗电费，荧光灯和高压钠灯的使用成本最低，这也是这两种光源在实际生产中得到广泛应用的主要原因。目前，LED光源和LD光源在植物生产中实现实用化还需要一定时间。

3. 不同种类和品种的作物对光照的要求

番茄、甜椒、茄子等喜光作物的光饱和点在 40000～50000 lx，而菠菜、生菜等耐弱光作物光饱和点在 20000 lx 以下，所以，进行人工补光时，应从经济效益角度考虑，确定最适宜的补光参数。

4. 补光方法

补光时应考虑光源的配置布局与数量问题，一般用 100 W 白炽灯泡的光度分配是除了灯泡上方近 60°角内近于无光外，在其他各个方向光度的分配是比较均匀的，如果配置反光灯罩，使光线集中向下方 120°范围内，以获得分布较为均匀的照度。

一般光源距植物 1～2 m。每一温室按 300 m^2 面积计算，如达到 3000 lx 以上光照强度需低压钠灯 50 个左右。按双行网格布局灯间距 2 m，每排 25 个灯，双排布置可达到补光的目的。

（三）遮光

主要材料有遮阳网、荫障、苇帘、草苫等。遮光不仅能够减弱保护地内的光照强度，还能降低保护地内的温度。保护地遮光 20%～40%能使室内温度下降 2～4 ℃。初夏中午前后，光照过强，温度过高，超过作物光饱和点，对生育有影响时应进行遮光；在育苗过程中移栽后为了促进缓苗，通常也需要进行遮光。遮光材料要求有一定的透光率，较高的反射率和较低的吸收率。遮光对夏季炎热地区的蔬菜栽培，以及花卉栽培尤为重要。

遮光方法有如下几种。覆盖各种遮阴物，如遮阳网、无纺布、苇帘、竹帘等；薄膜表面涂白灰水或泥浆等措施进行遮荫，一般薄膜表面涂白面积 30%～50%时，可减弱光照 20%～30%；玻璃面涂白，可遮光 50%～55%，降低室温 3.5～5.0 ℃；屋面流水可遮光 25%。

1. 缩短日照时间

有些作物必须在短日照条件下（8～10 h）才能完成花芽分化或开花结果，这种作物叫短日照作物。例如黄瓜在苗长出 2 片真叶时，就已开始花芽分化，这时如果每天日照时数超过 10 h 以上（长日照），花芽分化就少，所以必须在苗期进行短日照处理，再配合夜间适当低温管理（15～17 ℃），则秧苗花芽分化快，花芽多，特别是雌花花芽形成多，栽在棚室后，瓜码密，产量高。所以，黄瓜在早春温室育苗时，通过晚揭、早盖草帘子的办法，进行短日照处理，即上午 8:00 把温室草帘子卷起来，午后 16:00 再把草帘子盖上，这种短日照处理，既有利于温室保温，又能多结瓜，提高黄瓜产量。

有些短日照的植物，如草莓，牵牛花，落地生根等浆果或花卉要想提早开花，必须进行短日照处理。方法是用黑色塑料薄膜或内层为红色，外层为黑色的双面窗帘，每天及时盖上和揭开，让太阳照射 8～10 h，很快就会开花。

2. 减弱光照强度

（1）遮阳网或不织布覆盖　夏季高温季节，对于喜阴植物，应采取遮光措施，以防止日晒和减弱光照强度，一般上午 9:00—10:00 到下午 15:00—16:00，在温室外面用竹帘，遮阳网等覆盖或直接覆盖不织布，均能减弱光照强度。设施遮光 20%～40%能使室内温度下降 2～4 ℃。在育苗过程中，移栽后为了促进缓苗，通常也需要进行遮光。

（2）设施内种植藤本植物　设施内种植一些爬蔓的藤本植物，也能达到遮光效果，特别是一些观赏花卉植物，如兰科、天南星科、蕨类及食虫植物等，在高纬度的黑龙江省，即使在冬季，也需要进行适当遮阴。园林花卉植物专用温室常在温室北墙处，种植或摆放几盆原产热带或亚热带的多年生草本植物，如叶子花、佛手瓜或一年生的丝瓜、苦瓜等，夏季高温时茎蔓爬到温室架上，下面形成荫蔽环境，起到遮光、降温的作用。

（3）玻璃面上涂白灰　先将生石灰块 5 kg 加少量水粉化，过滤后加入 25 kg 水和 250 g 食盐，用喷雾器均匀地喷布在温室外的玻璃面上，如遇暴雨冲掉后可再喷。由于喷白能大量反射太阳光，起到减弱温室内部光照强度的作用，但喷白对降低温度效果不大。

(4)玻璃屋面喷水　夏季高温光照过强，可采取屋顶喷水结合降温，徐徐流水不但可带走大量热能，同时还能吸收和反射一部分的光能，从而使温室内的光能强度有所减弱。

(5)室外种植落叶树种　在温室外部四周距墙 2～2.5 m 处，种植成排的高度适宜的小乔木。要求树种为枝叶不过于繁茂，树冠比较开张，枝条萌发力强，生长迅速，且病虫害较少的落叶树，如垂柳、合欢等。夏季既可降温、遮阴，又能使温室周围环境更与自然的生态条件相近，秋末太阳高度角开始降低，光照强度减弱，对树木进行强修剪可防止冬季遮光，早春又可重新萌发形成新的植物景观。

二、材料准备

1. 光照检测设备；
2. 与本任务相关的各类材料。

任务实施

课内实训：实地测量日光温室内光照的水平与垂直分布。

1. 目的要求

学习照度计的使用方法，熟悉日光温室光照强度的观测方法，掌握设施内光照的分布和变化规律。

2. 材料用具

照度计、标杆、皮尺等。

3. 方法步骤

每 4～8 个学生为小组进行观测记录。

(1)光照强度的分布

①光照强度的垂直分布　在温室中部选取一垂直剖面，从南向北树立标杆，第一杆距南侧(大棚内东西两侧标杆距棚边)0.5 m，其他各杆相距 1 m。每杆垂直方向上每 0.5 m 设三测点。

②光照强度的水平分布　在温室内距地面 1 m 高处，选取一水平断面，按东、中、西和南、中、北设 9 个点，在室外距地面 1 m 高处，设一对照测点。

每一剖面，每次观测时读两遍数，取平均值。两次读数的先后次序相反，第一次先从南到北，由上到下；第二次从北到南，由上到下。每日观测时间：上午 8:00，下午 13:00。

(2)光照强度的日变化观测

观测设施内中部与露地对照区 1 m 高处的光照强度变化情况，记载 2:00、6:00、10:00、14:00、18:00 的光照强度。

根据观测数据，绘出设施内垂直方向和水平方向的光照分布图，并分析所观测设施光照分布特点及其形成的原因。

任务评价

以小组为学习单位，按照项目、内容和标准进行评价。

评价项目	评价内容	评价标准
光照的调控措施	概念的准确性、完整性	正确叙述概念，叙述不清扣分
人工补光设备的使用	使用注意事项	正确操作设备，操作不当扣分
补光设备维护	维护方法	正确叙述维护方法，叙述不清扣分

任务巩固

1. 光照对植物生长有什么影响？
2. 调节光照强度有哪些措施？

内遮阳系统工作过程　　外遮阳系统工作过程

项目四　温室 CO_2 监测与调控

岗位任务：

能了解温室 CO_2 监测设备及其使用方法，理解 CO_2 控制的方法及相关设备的正确使用。

技术岗位：

温室管理员

岗位要求：

1. 熟悉温室 CO_2 检测设备和温室 CO_2 控制设备。
2. 掌握温室 CO_2 检测方法和温室 CO_2 控制方法。
3. 配合领导和其他技术人员做好各项工作。

模块一　温室 CO_2 环境认识

工作任务 1　温室 CO_2 对作物生长的影响

任务目标

1. 了解不同植物对 CO_2 环境的要求；
2. 了解 CO_2 环境对植物生长的影响。

素养目标

培养学生学农、爱农、兴农的责任意识，铸牢学生爱岗敬业精神和低碳环保的理念。

任务准备

一、知识准备

CO_2 是空气中常见的化合物，也是植物光合作用的底物，其浓度变化影响植物生理反应，进而影响植物地上部和地下部的质量和生物量分配，以及土壤中根系和土壤生物的活动。CO_2 浓度升高对植物体的生长具有促进作用，主要表现在植物形态、植物生理、植物根系、产量品质、植物种群、植物群落和植物生态系统。对植物生理的影响主要表现在植物光合作用、呼吸作用、蒸腾作用、植物抗逆性等方面。

CO_2 是作物进行光合作用的重要原料之一，直接影响作物的生长发育。在作物 CO_2 饱和点以下，光合作用随着 CO_2 浓度的增高而增强。大多数蔬菜的 CO_2 饱和点在 1000～1600 μL/L，外界空气中 CO_2 的浓度为 300～360 μL/L，较稳定。因此露地栽培，一般不会发生 CO_2 的缺乏，而在保护地中，与外界气体交换较少，CO_2 含量与外界不一样。我们从作物生理状态上得知，大气中 300 μL/L 的 CO_2 浓度并不是作物获取高产的最佳含量。各种作物在不同 CO_2 浓度条件下，其光合速度不同。最大光合速度时的 CO_2 浓度大约在 1000 μL/L。

在日光温室内，夜间作物呼吸产生一定量的 CO_2，加之土壤微生物活动以及有机物分解发酵，释放大量的 CO_2，使 CO_2 浓度逐渐增大，到日出前，一般可达到 500～600 μL/L，甚至达到 1000 μL/L 以上；日出揭帘后，植株光合作用旺盛，吸收大量 CO_2，浓度急剧下降，特别是晴天，如果不通风，CO_2 浓度可下降到 100 μL/L 以下，作物几乎不进行光合作用，发生严重的 CO_2 饥饿；开始通风后，CO_2 得到室外大气补充，浓度慢慢回升，逐渐接近室外 CO_2 含量的水平。如果不通风换气作物会长时间处于碳饥饿状态，会严重抑制作物的光合作用。通风换气虽可使 CO_2 达到或接近大气的 300 μL/L 左右，使碳饥饿有所缓解，但不是光合作用的最适浓度，如能进一步提高 CO_2 浓度，还可以明显地促进作物的光合作用。日照越强，再加上较高的温度条件，最佳的 CO_2 浓度就可以发挥最大效果。那么我们要获得高产优质的产品，必须向得到高的光合速率。要提高光合速率，必须供给充足的 CO_2。

在连栋温室内，需注意CO_2不足，尤其是CO_2饥饿状态对作物生长发育影响的问题。温室内CO_2浓度变化规律是白天浓度低，尤其是日出后1～2 h降低极快，最终达到100 μL/L以下，甚至到了作物不能吸收利用的补偿点。此时被称为CO_2饥饿状态。但是日落以后在夜间CO_2的含量有所增长，到天明前达到最高点。其原因是夜间光合作用停止，CO_2不再消耗支出，室内呼吸作用放出的CO_2，再加上室内土壤中有机物质不断分解，产生CO_2，结果造成CO_2浓度增大。到了日出后，作物开始光合作用吸收大量CO_2。保温密闭温室内CO_2只有消耗没有供给，含量会大大减少。处于CO_2饥饿的作物，不仅光合速率降低，而且光合产物分配状况发生异常，造成叶根的代谢机能紊乱，呼吸、无机养分吸收等生理过程受到阻碍，生长发育更为恶劣。所以温室内施用CO_2是一项极为重要的技术。

二、资料准备

蔬菜生产、花卉生产相关书籍和网站。

任务实施

通过网络或者图书馆资料，查找3～5种温室常种的蔬菜花卉，并总结其适宜的CO_2浓度范围。

任务评价

CO_2对作物生长的影响认识评价标准

评价项目	评价内容	评价标准
几种蔬菜适宜的CO_2范围	知识要点	正确总结，有错误扣分
几种花卉适宜的CO_2范围	知识要点	正确总结，有错误扣分
不适宜的CO_2对植物的影响	过程认知	正确总结，有错误扣分

任务巩固

1. CO_2对植物生长的影响有哪些？

课内实训

实测CO_2如何影响植物生长以及制造温室效应。

1. 准备材料

- 2个大的广口玻璃瓶
- 2个小的纸质的一次性杯子
- 1个小杯或碟子
- 一些作物种子（比如小麦、玉米、豌豆等）
- 盆栽土壤
- 10 g干燥的苏打粉
- 20 mL醋
- 温度计

2. 步骤

（1）盛一些盆栽土壤在纸质的一次性杯子中，埋下1粒作物种子，让它发芽。

（2）紧邻着这个杯子放一只盛有干燥苏打粉的小碟子。往碟子里倒一些醋。醋跟苏打粉发生化学反应，将产生CO_2气体。

（3）放一支温度计进去。

（4）把包含杯子、碟子和温度计的整个系统用广口玻璃瓶罩起来，搁在一个光照好的地方。

（5）用同样的种子，按以上过程，做一个比照装置，不过这个装置少了第二个步骤。

（6）在不掀开容器的情况下，每天同一时间监测记录植物的生长、容器内水蒸气（通过观察玻璃瓶瓶壁凝结的小水珠）和温度变化情况，坚持一周。

（7）比较两组实验的数据，从中得出你自己的结论。

观察记录表

	第 1 天	第 2 天	第 3 天	第 4 天	第 5 天
CO_2对植物生长的影响					
温度					
湿度					
植物高度					
比照装置					
温度					
湿度					
植物高度					

模块二　温室 CO_2 监测

工作任务 1　CO_2 传感器的使用和维护

二氧化碳监测

任务目标

1. 了解温室 CO_2 传感器的种类；
2. 掌握 CO_2 传感器的工作原理。

素养目标

培养学生学农、爱农、兴农的责任意识，铸牢学生爱岗敬业精神和低碳环保的理念。

任务准备

一、知识准备

(一)气体监测设备

气体检测仪是一种气体泄漏浓度检测的仪器仪表工具，主要是指便携式/手持式气体检测仪。主要利用气体传感器来检测环境中存在的气体种类。

气体传感器是用来检测气体的成分和含量的传感器。一般认为，气体传感器的定义是以检测目标为分类基础的，也就是说，凡是用于检测气体成分和浓度的传感器都称作气体传感器，不管是用物理方法，还是用化学方法。比如，检测气体流量的传感器不被看作气体传感器，但是热导式气体分析仪却属于重要的气体传感器，尽管它们有时使用大体一致的检测原理。

早在 20 世纪 70 年代，气体传感器就已经成为传感器领域的一个大系，属于化学传感器的一个分支。

(二) CO_2 气体浓度检测传感器

用于检测环境中 CO_2 含量，便于决定是否增施气肥或需通风换气。一般以 ppm(百万分之一，$1\ ppm = 1\ cm^3/1\ m^3 = 10^{-6}$，因此，$1\ ppm = 1\ mL/m^3$，$1\ cm^3 = 1\ mL$)为单位，有效范围在 100～1000 ppm。主要检测有光照情况下 CO_2 含量是否低于作物光合作用的最佳浓度，以便于及时通风换气。

CO_2 浓度的检测方法较多，有阻抗型压电 CO_2 传感器、电化学 CO_2 传感器和红外 CO_2 浓度分析仪等。阻抗型压电 CO_2 传感器是基于串联式压电晶体对溶液电导率和介电常数的灵敏响应研制成的 CO_2 传感器。电化学 CO_2 传感器是基于 CO_2 的浓度通过电化学反应转变成电信号的一类化学传感器，主要包括电势型、电流型和电量型三类。红外 CO_2 浓度分析仪是基于 CO_2 气体在红外区有特征吸收波长。

1. 红外 CO_2 浓度分析仪

从 CO_2气体透射光谱图可以看出：当波长在 2.7 μm、4.35 μm 和 14.5 μm 处有较强烈的吸收。即当波长为 2.7 μm、4.35 μm 和 14.5 μm 的红外线通过 CO_2 气体时，基本上会被其吸收。吸收关系遵循朗伯一比尔定律。如图 4-1 所示。

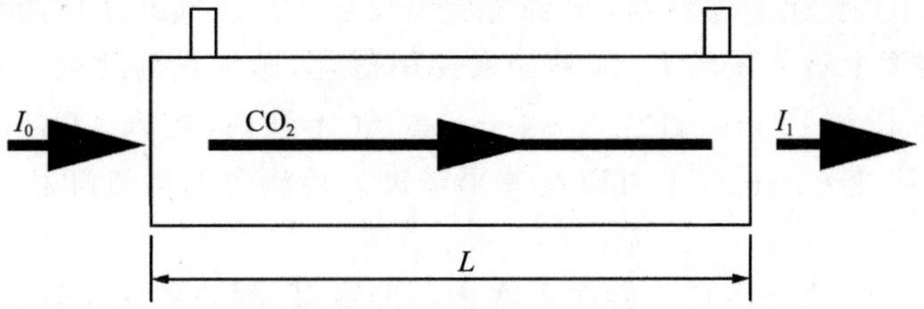

图 4-1　工作原理示意图

红外光源发出的红外线强度为 I_0，它通过一个长度为 L 的气室之后，能量变为 I_1。如果气室中没有吸收红外线能量的气体时，可认为 $I_0=I_1$，如果气室中有 CO_2，吸收红外线能量，这时 I_1满足下式：

$$I_1=I_0\mathrm{e}^{-kcL}$$

式中：c 为被测气体的浓度；

k 为 CO_2气体的红外线吸收系数，为常数；

L 为气室的长度。

当气室长度 L 一定时，从上式可看出：I_1的大小仅与气体浓度有关。测量出 I_1的大小就等于测量出了气体浓度的变化。

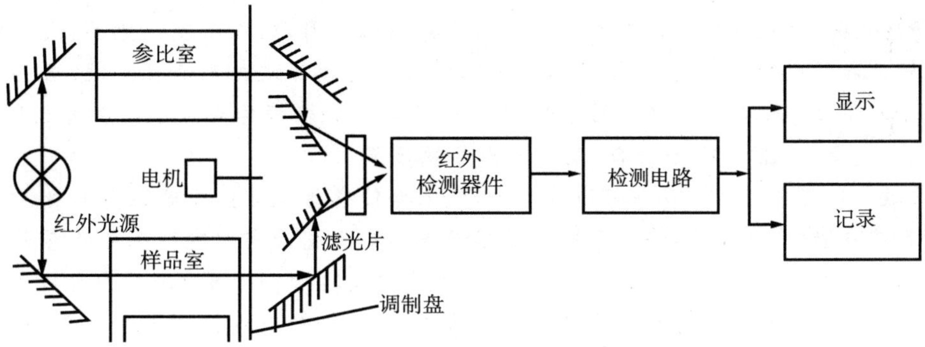

图 4-2　红外 CO_2 浓度分析仪的工作原理

下面简单介绍红外 CO_2浓度分析仪的工作原理(图 4-2)。

分析仪设有参比室和样品室。在参比室内充满着没有 CO_2的大气或含有一定量 CO_2的大气，被测气体连续地通过样品室。光源发出的红外辐射经反射镜分别投射到参比室和样品室，通过反射系统和滤光片，由红外检测器件接收。滤光片设计成只允许中心波长为 4.35 μm(CO_2吸收带)的红外辐射通过。利用电路使红外接收器件交替接收通过参比室和样品室的红外辐射。若参比室和样品室中均不含 CO_2气体，调节仪器使两束辐射完全相等，红外接收器件收到的是恒定不变的辐射，交流选频放大器输出为零。若进入样品室的气体中含有 CO_2气体，则对 4.35 μm 的辐射产生吸收，两束辐射的光通量不等，红外接收器件接收到交变辐射，交流选频放大器就有输出。通过预先对仪器的标定，就可以从输出大小来确定 CO_2的含量。

红外 CO_2浓度分析仪法的特点是：灵敏度高、反应速度快、精度高、可连续分析和长期观察气体浓度的瞬时变化。GXH-305 系列红外分析器即属于这种类型。因室内的温度影响，测定多少有点变动。但是因测定精度高，具有连续长期使用的优点，故仍被广泛采用。我国所用的仪器为 FQ 型红外线气体分析仪。

2. 气体检测管

气体检测管由气体检测器和 CO_2 气体检测管组成。气体检测器有吸入式和送气式两种方式。吸入式是预先在检测管安装口上装配上检测器，开动气泵吸收空气。送气式是检测器采集空气后，调整检测管，平稳地压出。测定精度上吸入式较高，但是如果使用得当，送气式精度也会提高，而且操作方便。

CO_2 气体检测管是在长约 10 cm、直径 3～4 mm 的气体管内，封入 CO_2 气体吸收剂，因为它吸收 CO_2 气体就会变色，所以从变色的长度上可以换算出浓度。检测管有高浓度和低浓度类型，园艺温室用后者。

这种方式方便手持使用，价格便宜。但在湿度高的温室里，测得值比实际值稍高。

3. 电导法(离子解离法)

此方法原理是把含有 CO_2 的空气通入蒸锅水中解离出 CO_2 引起水中电流传导度的变化，其变化率同 CO_2 浓度成正比，所以利用此法就可以测出浓度值。解离 CO_2 的水，通过离子交换树脂作用又可以还原为纯水重新利用。安装上指示计，可检测出室内 CO_2 浓度，如把它再接上 CO_2 源就具有浓度调节器的功能了。

此外，CO_2 浓度检测方法还有热导式、密度计式、化学吸收式、色谱式、质谱式等。

任务拓展

环境监测仪器分为两类：一类仪器的精度要求高、故障少，用于研究开发、连续气象观测和工业过程管理；另一类仪器的精度要求不高、小型、廉价，用于家电产品和一般电气产品。近来已有虽小型廉价，但精度较高、老化和故障较少的环境监测产品问世。因此，温湿度传感器、光照传感器等都趋向于小型轻便和高速低价。其测量精度较高，但单价仅为数百元。尤其在最近，这些小型的商用传感器已经嵌入了大小仅数毫米见方的微处理器中，环境监测数据作为数字信号通过无线或有线的局域网发送。这类传感器与 GPS 组合，还可输出方位数据。

一方面，微处理器中可写入各种程序。例如，可根据传感器测量的干球温度与相对湿度计算空气饱和压差和露点温度，并将其输出，这就使得温湿度传感器成为空气饱和压差传感器和露点温度传感器。类似这样的产品今后将日益增多。此外，多个传感器结合的微处理器中可以写入更加复杂的程序将这些智能化的小型传感器分散配置到植物工厂中，分别与各环境控制设备相连接，或与环境控制设备进行信息交互就能实现环境综合调控。这也将是植物工厂今后的发展方向。

另一方面，CO_2 浓度计、EC 计、pH 计是植物工厂所必需的小型仪器。环境监测的数字化、智能化、小型化和低价化有力地促进了今后植物工厂技术的发展。

任务巩固

1. 温室 CO_2 传感器的种类有哪些？
2. 红外 CO_2 浓度分析仪的工作原理是什么？

工作任务 2 温室CO_2分布特性

任务目标

1. 掌握温室CO_2分布特性；
2. 了解环境CO_2浓度对植物生长的影响。

素养目标

培养学生学农、爱农、兴农的责任意识，铸牢学生爱岗敬业精神和低碳环保的理念。

任务准备

一、知识准备

CO_2是光合作用的重要原料之一，在一定范围内，植物的光合产物随CO_2浓度的增加而提高，因而了解温室大棚内CO_2的浓度状况和变化特征对促进作物生长、增加产量、发展生产十分重要。

大气中CO_2含量一般约为0.03%，温室空气中CO_2含量随作物的生长和天气变化而变化。一般来说，温室中CO_2浓度夜间比白天高，阴天比晴天高，夜间蔬菜作物通过呼吸作用，排出CO_2，使棚内空气中CO_2含量相对增加；早晨太阳出来后，作物因光合作用吸收消耗CO_2，消耗逐渐大于补充，棚内CO_2浓度降低，一般到揭开不透明覆盖物2 h就降至CO_2补偿点以下（蔬菜作物大多数为三碳作物，一般CO_2的补偿点在0.005%左右），尤其在晴天9:00—11:30，棚内绿色作物光合作用最强，CO_2浓度急剧下降，由于得不到大气中CO_2的及时补充，一般在11:00降至0.01%。

一般蔬菜作物的CO_2饱和点是1%～1.6%，显然不能满足需求。但露地生产中从来不表现出CO_2不足现象，原因是空气流动，作物叶片周围的CO_2不断得到补充。而温室生产是在封闭或半封闭条件下进行的，CO_2的主要来源是土壤微生物分解有机质产生或作物呼吸产生的，冬季很少通风，CO_2得不到补充，常使植株处于CO_2饥饿状态，作物产量下降。

（1）CO_2浓度的日变化。

早晨揭苫时CO_2浓度最高，一般可达到1%～1.5%。揭苫后随着光照度增加，温度升高，作物光合作用增强，CO_2浓度迅速下降。如不通风，到10:00左右浓度最低，达0.01%，比大气中还低，造成“生理饥饿”，严重地抑制了光合作用。到了夜间，作物呼吸作用放出CO_2，土壤微生物活动也会放出CO_2，温室又处于密闭状态，所以夜间CO_2浓度最高，比一般空气中的含量高3～5倍。如图4-3所示。

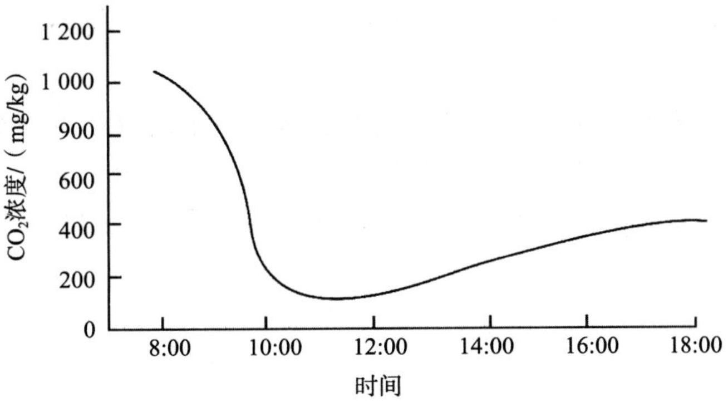

图4-3 玻璃温室昼夜CO_2浓度变化

(2)CO_2 浓度随天气的变化。

晴天作物光合作用强，CO_2 浓度明显降低。阴雨天作物光合作用弱，CO_2 浓度较高，接近大气中的浓度水平。

(3)CO_2 浓度在空间上的分布。

垂直方向上，随着高度增加，植株间 CO_2 浓度降低；水平方向上，中部 CO_2 浓度高，四周低。

二、资料准备

基地生产温室，CO_2 监测仪，任务单，笔。

任务实施

二氧化碳监测仪操作

1. 认识 CO_2 观测仪器

2. 温室 CO_2 环境的观测

温室 CO_2 环境的观测最好结合空气温湿度和光照观测仪器一起进行，温室 CO_2 环境的观测方法如下。

(1)观测场所　分小组选择蔬菜、花卉、果树栽培场所，记录主栽植物和设施类型，并记录观测前和观测时的主要栽培措施，例如灌溉、遮阴、地膜覆盖、通风等。

(2)观测时间　按 2:00、8:00、14:00、20:00 进行 4 次观测，利用上课或课余时间。

(3)观测顺序　温室中部、温室四周。

3. 结果分析

(1)填表　将观测值、样地基本情况填入表格。

(2)绘图　绘制温室 CO_2 环境随观测时间的变化图。

(3)分析　分析不同地点温室 CO_2 环境随时间的变化趋势的异同点。

任务拓展

作物不同生长期对 CO_2 需求分析。作物生长发育规律是在长期自然条件和人工选择下形成的。每种作物生长发育的阶段都有不同的标志和周期，以辣椒为例，辣椒整个生长过程分为发芽期、幼苗期、开花坐果期和结果期等四个阶段。辣椒从种子发芽到第一片真叶出现为发芽期，一般为 10 d 左右；从第一片真叶出现到第一个花蕾出现为幼苗期，需 50～60 d 时间；从第一朵花蕾出现到第一朵花坐果为开花坐果期，一般为 10～15 d；从第一朵花坐果到收获末期属结果期，一般为 50～120 d。

作物在不同的生长阶段，对 CO_2 所需求的量也是不同的。从表 4-1 中可以看出，辣椒在发芽期对 CO_2 需求量较少，空气正常 CO_2 浓度足以满足此期的需要。在幼苗期时，随着辣椒的生长，叶面积逐渐增多，对 CO_2 的需求逐渐加大。当辣椒进入开花坐果期和结果后，随着果实生长的需要，对 CO_2 需求量也迅速增多，并渐渐趋于平缓，所以在开花坐果期以后，应多增施 CO_2 气肥，增产效果更为明显。

每种作物生长发育的特性不同，作物对 CO_2 需求量随着生长发育逐渐增加，将作物生长发育过程进行细化分期十分必要。发芽期和幼苗前期时，棚室内空气中 CO_2 含量基本能够满足需求，不用增施 CO_2 气肥。从幼苗期后期到作物开花结果，应满足其各个时期对 CO_2 的需求量。

表 4-1 作物 CO_2 所需求量

ppm

品种	苗期	开花期	结果期	结果盛期
黄瓜	1500	2500	3500	4500
辣椒	1500	3000	3800	4600
西葫芦	1000	2000	2800	3500
西瓜	1500	2600	3700	4800
番茄	1200	2200	3400	5100
芸豆	900	1800	2400	3300
土豆	1800	2900	4200	3800
草莓	1200	2600	3600	4600
葡萄	1400	2800	4100	5500

任务评价

温室 CO_2 环境的观测评价标准

评价项目	评价内容	评价标准
观测温室 CO_2 环境	技能要点	正确使用仪器，有错误扣分
仪器使用	技能要点	正确使用，有错误扣分
CO_2 浓度的表示方法	知识要点	正确表示，有错误扣分

任务巩固

1. 温室 CO_2 分布特性是什么？
2. 温室 CO_2 环境随时间变化的规律是什么？

模块三　温室 CO_2 浓度调控措施及设备

工作任务 1　温室 CO_2 浓度调控措施

任务目标

二氧化碳调控措施

1. 掌握 CO_2 环境的调控方法；
2. 能根据植物需求合理使用 CO_2。

素养目标

培养学生学农、爱农、兴农的责任意识，铸牢学生爱岗敬业精神和低碳环保的理念。

任务准备

一、知识准备

（一）增施 CO_2 的适宜浓度

增施 CO_2 的最适宜浓度与作物种类、品种和光照度有关，也因天气、季节、作物生育期不同而异。一般而言，接近饱和点的浓度是最适宜的 CO_2 施肥浓度。一般蔬菜的饱和点在 1000 mL/m^3 左右，弱光下 CO_2 饱和点下降，强光下 CO_2 饱和点提高。根据有关研究，一些园艺植物的最佳施肥浓度：黄瓜、茄子、青椒为 800～1500 mL/m^3；番茄、甜瓜为 500～1000 mL/m^3；大白菜为 1350 mL/m^3；大豆为 700 mL/m^3；西葫芦为 700～1200 mL/m^3；油菜为 600～100 mL/m^3；韭菜为 700～1000 mL/m^3。

（二）施用方法

（1）通风换气。通风换气是补充 CO_2 最简便的方法，简便易行，但增施 CO_2 的量不易掌握，且严寒冬季难以进行。

（2）有机肥发酵。肥源丰富，成本低，简单易行，但 CO_2 发生量集中，也不易掌握。

（3）燃烧法。燃烧白煤油、天然气、液化气、沼气、煤、焦炭等来增施 CO_2，常用方式是采用火焰燃烧式 CO_2 发生器产生 CO_2，通过管道或风扇吹散于室内各角落。这种方法的优点是简单有效，缺点是优质燃料成本高，一般燃料易产生一氧化碳、二氧化硫等有害气体，使用过程中应注意使燃料充分燃烧。

（4）施用液态、固态 CO_2。每 1000 m^3 空间每次施 2～3 kg。这种方法的优点是施放的 CO_2 纯净、安全、方便，劳动强度小；缺点是 CO_2 的来源受限制。

（5）施用颗粒肥。山东省农业科学院研制出的 CO_2 颗粒肥，埋入土中或放入容器中加水，即可产生 CO_2，缓慢向空气中释放。此法的优点是不需要特殊装置，简单易行；缺点是释放时间不易控制。

(6)化学反应法。采用碳酸盐和强酸反应产生 CO_2。我国目前多用此种方法。反应式如下：

$$2NH_4HCO_3 + H_2SO_4 \rightarrow (NH_4)_2SO_4 + 2H_2O + 2CO_2 \uparrow$$

$$2NaHCO_3 + H_2SO_4 \rightarrow Na_2SO_4 + 2H_2O + 2CO_2 \uparrow$$

$$CaCO_3 + 2HCl \rightarrow CaCl_2 + H_2O + CO_2 \uparrow$$

生产中多采用废硫酸和化肥碳酸氢铵反应。使用时首先将 3 份体积水置于塑料或陶瓷容器中，边搅拌边将 1 份体积的浓硫酸沿器壁缓慢加入水中，搅匀，冷却至常温备用。然后将配制好的稀硫酸盛入敞口塑料桶，一次可放入 2～3 d 的用量，这样在塑料桶中一次加入的碳酸氢铵完全转化成 CO_2 后，稀硫酸还有剩余，省去了经常稀释硫酸的麻烦，也可防止碳酸氢铵过剩而有氨气产生，对作物生长不利。使用时将称好的碳酸氢铵用厚纸包好，其上插几个孔，慢慢放入稀硫酸中，以免反应过于剧烈而使硫酸溅出。碳酸氢铵不可浮在反应液上面，防止氨气产生。因为 CO_2 较重，生成后要下沉扩散，所以盛硫酸的桶应该悬挂在空中，利于功能叶片的吸收，悬挂高度随植株生长点适当向上提高，一般略高于植株生长点。为使 CO_2 分布均匀，通常每亩温室要均匀设置 6～8 个发生点。硫酸与碳酸氢铵完全反应后(即碳铵加入硫酸后完全无气泡放出)得到的液态硫铵，可稀释 50 倍直接作追肥用。

每日所需反应物的量可根据下列公式计算：

碳酸氢铵量(g)＝保护地空间体积(m^3)×施用 CO_2 浓度(mL/m^3) ×0.0036

所需硫酸量(g)＝每日所需碳酸氢铵量(g)×0.62

式中，保护地空间体积＝保护地面积×平均高度；施用 CO_2 浓度为 1200～2000 mL/m^3；0.0036 为每立方米 1 mLCO_2 发生反应所需的碳酸氢铵质量 0.0036 g；0.62 为 1 g 碳酸氢铵需与 0.62 g 硫酸反应。

生产中采用化学反应法增施 CO_2 气肥，反应物投入量可以参考表 4-2。

表 4-2 硫酸与碳酸氢铵投料

设定浓度/(mL/m^3)	每立方米空间需 CO_2		反应物投放量/kg	
	质量/g	体积/L	96%硫酸	硫酸氢铵
500	0.3929	0.2	0.4554	0.7054
800	0.9821	0.5	1.1384	1.7634
1000	1.3751	0.7	1.5938	2.4688
1200	1.7079	0.9	2.0491	3.1741
1500	2.3571	1.2	2.7321	4.2321
2000	3.3393	1.7	3.8705	5.9955
2500	4.3214	2.2	5.0089	7.7589
3000	5.0336	2.7	6.1473	9.5223

注：原有 CO_2 浓度以 300 L/m^3，设定浓度应减去 300 mL/ m^3，例如设定浓度为 1000 mL/ m^3，则需新增 700 mL/m^3。

目前市面上出售的 CO_2 发生器其工作原理如图 4-4 所示，经清水过滤的 CO_2 气体通过散气管导入温室的各部分。

(三)CO_2 施用的时期和时间

蔬菜类宜在结果期施用，开花坐果前不宜施用，以免营养生长过旺造成化果。冬季光照较弱、作物长势较差、CO_2 浓度又较低时，可提早施用。根据棚室一天中 CO_2 浓度变化情况，CO_2 一般在晴天日出

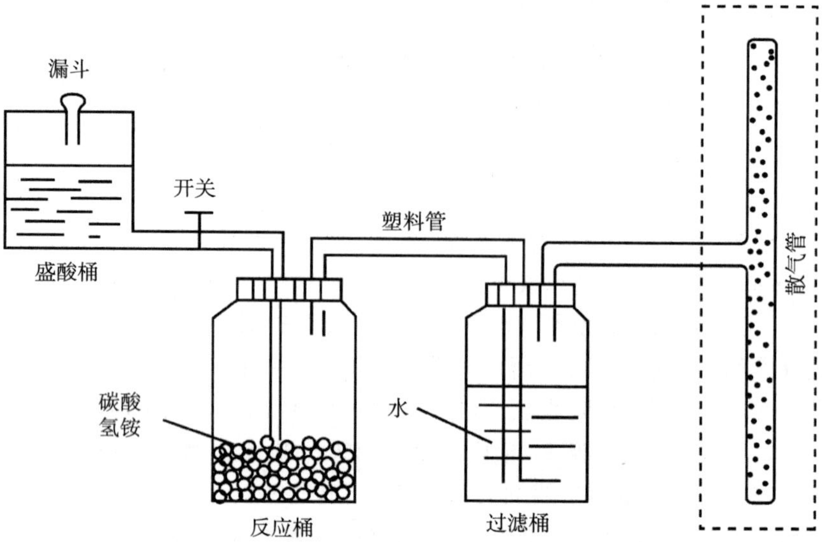

图 4-4　CO_2 发生器工作原理

后 0.5 h 开始施用，到放风前 0.5 h 停止施用。每天有 2～3 h 的施用时间，就不会使植株出现 CO_2 饥饿状态。不同季节间光照时数和最高光强出现的时间不一致，从获得最佳经济效益的角度来讲 CO_2 施用的具体时间为 12 月份到翌年 1 月份为 9:00—11:00，2—3 月份为 8:00～10:00，4—5 月份和 11 月份为 7:00—9:00。

（四）CO_2 气肥的施用效果

实践证明，温室内增施 CO_2 气肥能够提高园艺植物产量，改善品质。一方面，CO_2 是光合作用的主要原料，环境中的 CO_2 浓度升高，作物的光合强度和光合速率增大，同化物产量增多，促进营养生长，使株高、茎粗、叶面积增加：另一方面，增施 CO_2 还可促进作物的生殖生长，使果菜类作物花芽分化提早，花数增加，坐果率提高，增大果实生长速度，达到早熟高产。此外，CO_2 施肥可使番茄、黄瓜果实内含糖量、维生素 C 含量升高，改善品质。

（五）CO_2 施肥的注意事项

(1)CO_2 施肥通常选择在晴天的上午，下午通常不施。另外，阴天、雨雪天气，或气温较低时，光合作用弱，也不需施用。

(2)进行 CO_2 施肥时，应设法将棚室内的温度提高 2～3 ℃，有利于促进光合作用。

(3)增施 CO_2 后，作物生长加快，消耗养分增多，应适当增加肥水，才能获得明显的增产效果。

(4)要防止温室内 CO_2 浓度长时间偏高，引起植株 CO_2 中毒。

(5)要保持 CO_2 施肥的连续性，应坚持每天施肥，如不能每天施用，前后两次的间隔时间也应短一些，一般不要超过一周，最长不要超过 10 d。

(6)采用化学反应法稀释硫酸时一定要将硫酸沿器壁缓慢注入水中，千万不能将水倒入硫酸，以免发生事故；盛硫酸要用陶瓷或塑料容器，不能用金属容器，否则会发生腐蚀。反应过程中要防止氨气挥发引起蔬菜氨中毒，反应液做追肥前要做酸性检查，无残留酸后方可施肥。

任务评价

温室 CO_2环境的观测评价标准

评价项目	评价内容	评价标准
温室 CO_2施肥效果	技能要点	正确使用仪器,有错误扣分
CO_2增施措施	技能要点	正确总结,有错误扣分
CO_2施肥注意事项	知识要点	正确表示,有错误扣分

任务巩固

1. 简述温室 CO_2施肥效果影响因素。
2. 简述温室 CO_2施肥措施。

工作任务 2 | CO_2增施措施及设备

二氧化碳调控设备运维

任务目标

1. 掌握 CO_2增施方法;
2. 掌握 CO_2增施设备的使用维护。

素养目标

培养学生学农、爱农、兴农的责任意识,铸牢学生爱岗敬业精神和低碳环保的理念。

任务准备

一、知识准备

CO_2 的来源十分广泛。增施有机肥不仅是增加温室 CO_2 源最简单和最廉价的方法,而且有助于土壤理化性状的改善。其他人工 CO_2 源主要有燃烧方式、化学反应式、液体 CO_2 及 CO_2 气肥棒等。

(一)液化气利用方式

这种方式多数情况是把几个液化 CO_2 气瓶并列连接。图 4-5 中,压缩液化 CO_2钢瓶及减压器,经过压力调节器和电磁阀,将工作压力调至 0.1～0.15 MPa 输入温室内。电磁阀由采用红外线气体分析方式的 CO_2 控制器控制,控制精度高,近几年普及迅速。红外线气体式 CO_2制器由于能一边连续测定室内 CO_2浓度,一边进行调控,可以随着生育时期、天气等的变化相应改变施用浓度,使用方便。

导入室内的 CO_2气体,要使它均匀扩散,一般方法是在 8～10 m 的细聚乙烯塑料管上间隔 0.8～1 m 开出直径为 1 mm 的小孔,距离钢瓶近处间距可远些,放置在畦间,用液化 CO_2 气体自身压力向室内扩散,施用时温室内需 50 cm/s 的风速,以利于 CO_2 和室内空气混合。这种方法适合于小中型温室。大型温室可利用鼓风机,通过塑料筒促使 CO_2扩散,或者从塑料管壁缓缓透过,直接施用在叶面附近。

(二)白灯油燃烧方式

1 L 的灯油完全燃烧后,可产生 2.5 kg 的 CO_2和约 331440 kJ 的热量。直接利用燃烧气体,品质不

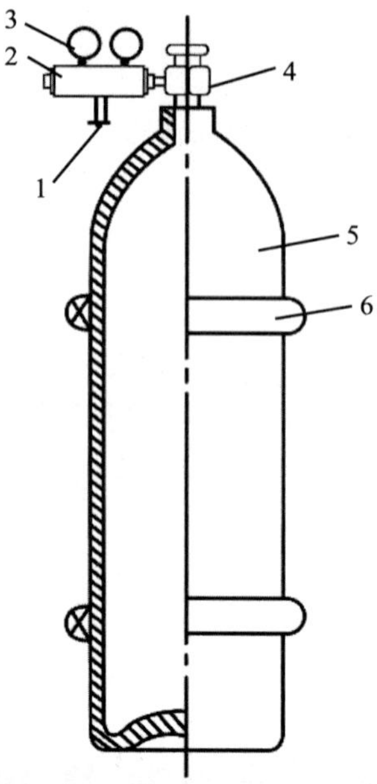

1. 调压手柄 2. 减压器 3. 压力表 4. 阀门 5. 钢瓶 6. 橡胶防撞圈

图 4-5 压缩液化 CO_2 钢瓶及减压器

好的灯油含有硫黄，经酸化会产生 SO_2，对作物有害，需加以过滤。

CO_2 气体发生机是由燃烧筒、送风机、燃烧器、控制装置组成。燃烧器的大小不同会引起燃料消费量和 CO_2 发生量的差异。温室内作物的 CO_2 吸收量，晴天每小时 1000 m^2 为 2～5 kg，如果把温室内换气次数定为每小时 0.5～1.0，选择每小时 1000 m^2 燃烧 2～3 L 燃油的燃烧器为好。燃烧器是高压喷射器，达不到一定的油压值就不点火。因此减少不能完全燃烧而产生 CO_2 的现象。

燃烧筒的长度、粗度同送风机的能力是决定燃烧气体浓度的重要因素。长时间使用送风机能力下降，燃烧筒内的温度高，其结果会产生 NO_x 物质。

送风机不仅对燃烧气体的温度起到影响，而且对产生的 CO_2 气体向室内扩散起重要作用。一般使用 30 m^3/min 以上送风量的压力型鼓风机。

直接点火式的 CO_2 发生机由于燃烧筒的 CO_2 浓度高，需同大气混合变为低浓度的 CO_2 后，再通过送风筒送入温室内。

（三）丙烷气燃烧方式

这种方式是在温室外放上丙烷气瓶，用室内专用的发生机得到 CO_2 气体，然后扩散到室内。1 kg 丙烷气体可产生 3 kg 的 CO_2，所以，CO_2 的价格比白灯油高，比液化 CO_2 气低。而且得到的 CO_2 比白灯油纯度高，很少产生由燃料不纯而造成的有害气体的现象。但是会因氧气不足产生不完全燃烧或者有时熄火、丙烷气泄漏等情况造成作物和人中毒。

丙烷气专用 CO_2 发生机也由燃烧筒、燃烧器和控制装置组成。CO_2 气源采用煤气瓶。

（四）简易的化学发生剂法

上述方法因成本高，购买不起时可选用化学发生剂法。即用盐酸和石灰石制作 CO_2。它的化学方程式是：

$$CaCO_3 + 2HCl = CaCl_2 + H_2O + CO_2 \uparrow$$

若制作 1 m^3 CO_2，经查表和计算得出：需要盐酸 3.3 kg，需要石灰石 4.5 kg。如果有一温室容积为

262 m^3，一天中补给 3h 的 CO_2，其浓度定为 660 mL/L，再加上室内原有 CO_2，足够当日光合作用的需要。那么，需要的盐酸和石灰石的用量可计算如下：

一次补充量＝262×660 mL/L＝262×0.0066＝0.17 m^3

盐酸用量＝3.3×0.17＝0.56 kg

石灰石用量＝4.5×0.17＝0.77 kg

这种方法操作简易，只要先在一个缸制器皿内放入小块石灰石，然后再徐徐倒入一定量的盐酸就行了。石灰石一般以碳酸钙为主，但并非纯碳酸钙，所以要比计算多用 30％。

另一种化学反应制备 CO_2 的方式是用稀硫酸和碳酸氢铵反应。因为农用碳酸氢铵和工业硫酸来源广泛、价格低廉，反应所生成的硫酸铵还可作为肥料使用，所以，此方法目前已经在生产上推广应用。它的化学方程式是：

$$2NH_4HCO_3 + H_2SO_4 \rightarrow (NH_4)_2SO_4 + 2CO_2\uparrow + 2H_2O$$

工业硫酸(浓度 92％)和碳酸氢铵重量比例约 1∶1.5。我国现在生产的 CO_2 发生器大多数都采用这种反应方式制备 CO_2。如果不在发生器中制备 CO_2，须在瓷缸或者塑料桶中按工业硫酸∶水＝1∶3 的比例进行稀释，再和适量碳酸氢铵混合即可产生 CO_2。生成的硫酸铵放置 2 d 按 1∶100 稀释后即可使用。

(五)CO_2 气肥棒

一种新型的 CO_2 气肥产品，高效 CO_2 气肥棒由于采用外延式气源，燃烧 1 kg 产品可产生 1.8 kg 的 CO_2 气体。通过在气肥棒生产过程中掺加催化剂等方法，产生的 CO_2 气体纯净，一氧化碳和氮氧化合物等有害气体非常少。同时，高效 CO_2 气肥棒在燃烧过程中放出的燃烧热对温室具有显著的增温效应。

CO_2 气肥棒具有使用安全，简单方便，CO_2 释放量容易控制，成本低廉，不需要专门设备的优点。

二、资料准备

生产基地温室，任务单、笔、温室配套 CO_2发生器、气肥棒等。

任务实施

完成任务单

CO_2环境调控设备调查与使用

姓名：__________　学号：__________　班级：__________

调查地点：　　　　温室类型：　　　　栽种植物：

当前 CO_2浓度	调控方式	调控设备	操作步骤	备注

任务拓展

设施生产中的有害气体及预防

1. 设施内的有害气体及危害

设施生产中如管理不当，常发生多种有毒有害气体。这些气体主要来自有机肥的分解、化肥挥发、棚膜挥发、烟道加温漏气等。当有害气体积累到一定浓度，作物就会发生中毒症状，浓度过高会造成作物死亡，必须尽早采取措施加以消除。

主要有害气体及其危害特征

有害气体	主要来源	危害浓度/(mL/m^3)	危害症状
氨气	施肥	5	由下向上，叶片先呈水浸状，后失绿变褐色干枯。危害轻时一般仅叶缘干枯
二氧化氮	施肥	2	中部叶片受害最重。先是叶面气孔部分变白，后除叶脉外，整个叶面被漂白、干枯
二氧化硫	燃料	3	中部叶片受害最重。轻时叶片背面气孔部分失绿变白，严重时叶片正反面均变白枯干
一氧化碳	燃料	3	叶片白化或黄化，严重时会造成叶片枯死
乙烯	塑料制品	0.1	植株矮化，茎节粗短，叶片下垂、皱缩，失绿转黄脱落；落花落果，果实畸形等
氯气	塑料制品	0.1	叶片边缘及叶脉间叶肉部分变黄，后漂白枯死

2. 预防有害气体的措施

(1)合理施肥。有机肥要充分腐熟后施用，并且要深施，以防氨气和二氧化硫等有毒气体危害；不用或少用挥发性强的氮素化肥；深施基肥，不地面追肥；施肥后及时浇水等。

(2)覆盖地膜。用地膜覆盖垄沟或施肥沟，阻止土壤中的有害气体挥发。

(3)正确选用与保管塑料薄膜与塑料制品。应选用无毒的蔬菜专用塑料薄膜和塑料制品，棚室内不堆放陈旧制品及农药、化肥、除草剂等，以防高温时挥发有毒气体。

(4)正确选择燃料、防止烟害。应选用含硫低的燃料加温，并且加温时，炉和排烟道要密封严实，严防漏烟。有风天加温时，还要预防倒烟。

(5)勤通风。一旦发生气害，注意加大通风，不要滥施农药化肥。

任务评价

CO_2环境调控设备调查与使用评价标准

评价项目	评价内容	评价标准
观测CO_2环境浓度	技能要点	正确使用仪器，有错误扣分
调控方法	知识和技能要点	正确总结，有错误扣分
调控效果	知识要点	正确表示，有错误扣分

任务巩固

1. 温室的 CO_2 环境调控方法有哪些？
2. 温室的 CO_2 环境调控设备有哪些？

二氧化碳施肥系统

项目五　设施栽培环境监测与综合调控

岗位任务：

了解设施环境综合调控设备及其使用方法，理解设施综合调控方法。

技术岗位：

温室管理员。

岗位要求：

1. 熟悉设施综合调控设备和设施综合控制方法；
2. 掌握设施综合调控措施；
3. 配合领导和其他技术人员做好各项工作。

模块一　设施栽培环境综合调控

工作任务 1　设施环境综合控制的方式及设备

设施环境综合调控

任务目标

1. 了解设施环境综合控制方式；
2. 掌握设施环境综合控制的设备。

素养目标

培养学生学农、爱农、兴农的责任意识，铸牢学生爱岗敬业精神和低碳环保的理念。

任务准备

一、知识准备

（一）概念

园艺设施内光、温、水、气、肥土五个环境因子综合影响作物的生长发育，具有同等重要性和不可替代性，当其中某一个因子变化时，其他因子也会受到影响而随之变化。例如温室内光照充足，温度也会升高，土壤水分蒸发和植物蒸腾作用加快，空气湿度也加大，此时若开窗通风，各个环境因子就会出现一系列的变化，因此，生产者在管理时要有全局观念，不能偏向于某一方面。

所谓环境综合调控，就是以实现作物的增产、稳产为目标，把关系到作物生长的多种环境要素（如室温、湿度、CO_2 浓度、气流速度、光照等）都维持在适宜作物生长的水平，而且要求使用最少量的环境调节装置（通风、保温、加温、灌水、使用 CO_2、遮光、利用太阳能等各种装置），既省工又节能，便于生产人员管理的一种环境控制方法。这种环境控制方法的前提条件是对于各种环境要素的控制目标（设定值）必须依据作物的生育状态、外界的气象条件以及环境调节措施的成本等情况综合考虑。

如对温室进行环境综合调控时，不仅要考虑温室内、室外各种环境因素和作物的生长、产量状况，而且要从温室经营的总体出发，考虑各种生产资料的投入成本、产出产品的市场价格变化、劳动力和栽培管理作业、资金等的相互关系。根据效益分析进行环境控制，并对各种装置的运行状况进行监测、记录和分析，以及对异常情况进行检查处理等，这些管理称为环境综合管理。从设施园艺经营角度看，要实现正确的环境综合管理，必须考虑上述各种因素之间的复杂关系。

（二）设施环境综合调控的发展

从国内外设施控制技术的发展状况来看，设施环境控制技术大致经历三个发展阶段。

1. 手动控制

这是在设施技术发展初期采取的控制手段，当时没有真正意义上的控制系统和执行机构。生产一线的种植者既是设施环境的“传感器”，又是对设施作物进行管理的“执行机构”，他们是设施环境控制的核心。通过对设施内外的气候状况和对作物生长状况的观测，凭借长期积累的经验和直觉推测及判断，手动调节设施内环境。种植者采用手动控制方式，对于作物生长状况的反应是最直接、最迅速且是最有效的，它符合传统农业的生产规律。但这种控制方式的劳动生产率较低，对种植者的素质要求较高，不适合工厂化农业生产的需要。

2. 自动控制

这种控制系统需要种植者输入设施作物生长所需环境的目标参数，计算机根据传感器的实际测量值与事先设定的目标值进行比较，控制相应机构进行加热、降温和通风等动作。计算机自动控制的设施控制技术实现了生产自动化，劳动生产率得到提高，适合规模化生产。通过改变设施环境设定目标值，可以自动地进行设施内环境气候调节，但是这种控制方式对作物生长状况的改变应考虑作物生长的内在规律并及时反应。目前我国绝大部分自主研发的大型现代化设施及引进的国外设备都属于这种控制方式。

3. 智能化控制

这是在设施自动控制技术和生产实践的基础上，通过总结、收集农业领域知识、技术和各种试验数据构建专家系统，以建立植物生长的数学模型为理论依据，研究开发出的一种适合不同作物生长的设施专家控制系统技术。

设施环境控制技术沿着手动、自动、智能化控制的发展进程，向着越来越先进、功能越来越完备的方向发展。由此可见，设施环境控制朝着基于作物生长模型、设施综合环境因子分析模型和农业专家系统的设施信息自动采集及智能控制趋势发展。

(三)设施环境综合调控的方式

1. 按自动化程度分

(1)测量仪器自动调控型。即根据测量仪器的信号或是其演算处理的结果，自动变换设定值。

(2)测量手动型。即根据测量仪器的记录值，人为变动设定值，如对土壤水分、肥料成分以及强风、暴雪的处理调控。

(3)人感手动型。用仪器测量有困难时，根据人的感官观察外界气象条件和生物的生育状态而变动设定值。

2. 按设定值变动的原因划分

(1)气象型。根据外界天气条件、室外的日射量、气温、风速等的变化而变动。

(2)生物状态型。根据生物状态进行变动。

(3)时间型。利用时间继电器按预定的时间进行变动。

3. 按时间等级划分

(1)分、小时型。设定值每隔几分钟至几小时变动一次，如按日照量改变室温设定值。

(2)日型。每隔几小时至一日变动一次设定值，如按白天的累积日射量改变夜间的室温设定值等。

(3)周型。每隔几日至几周变动一次设定值，如变动地温、肥料成分等的设定值等。

4. 按模拟和计数划分

(1)模拟型。利用电的、机械的手段以连续量、模拟量为基础，实现综合调控。

(2)计数型。利用数字电子计算机、微型电子计算机以离散量、计数量为基础，实现综合调控。

5. 按判断标准划分

(1)优先顺序型。在优先顺序高的环境要素设定值得到保证的条件下,调控下一个要素。如室温超过 30 ℃以前关闭窗户,进行 CO_2 施肥,若室温超过 30 ℃,则打开窗口优先调控室温。

(2)综合判断型。用某种综合标准,如考虑了节能、省力、增产等的评价函数来决定各被调控环境要素对作物生长的影响之后,决定白天换气窗的开启程度。利用数字电子计算机综合环境调控可以用模拟型方式,也可以用计数型方式。但计算机方式比模拟方式更优越,将成为今后发展的主流。

(四)设施环境综合调控的设备

20 世纪 80 年代以来,我国先后从荷兰、以色列等国引进了几十套大中型温室,对于消化、吸收国外先进的温室生产经验起到了积极作用。我国科技人员进行了温室的环境控制研究,但我国的设施大都比较简单,大量的作业和调整都靠人工操作,作物生长小环境中环境因子调控程度很低,这样使温室生产的生产潜力和生产效率与国外的自动化控制和工厂化生产相比尚有很大差距。近些年来,我国科技人员在夏季降温、冬季加温等技术方面取得了不少进展。我国的温室产品中技术较为成熟的设备有以下几种。

1. 加热系统

吸取荷兰温室预混组一混合组多级控制和适宜作物栽培管理的优点,利用热水锅炉,通过加热管道对温室进行加热。此外,也开发了利用热风炉、传感器反馈控制风机将热风送入温室进行加热的技术。

2. 帘幕系统

开发了内帘幕系统、外遮荫系统。帘幕驱动系统因采用构件的不同一般有两种形式。一种是由减速电机、轴承、传动管轴、牵引钢丝绳、滑轮组件、链轮和链条等组成的钢缆驱动平托幕系统。另外一种形式的驱动系统是齿轮齿条拉幕系统,由马达转动带动驱动轴转动,经过齿轮箱、驱动轴的转动转换为推拉杆的水平移动,从而实现帘幕的展开与收拢。

3. 通风系统

主要有强制通风和自然通风系统两种。强制通风系统一般设计换气次数为 0.75～1.5 次/min。由于强制通风需耗费大量能量,为获得更好的降温效果,一般配合湿帘,利用蒸发制冷原理降温。自然通风是一种较经济的通风方式。它是通过顶窗或侧窗的启闭,利用风力和温差实现温室内外空气交换,达到温室内降温和降湿的目的。在没有 CO_2 施肥系统的情况下,还可以利用自然通风来补充温室内的 CO_2。

目前,我国的计算机控制技术还大多处于单控器＋单传感器＋执行机构这种较原始的状态,由于温室特殊的高温、高湿环境,各类国产传感器的可靠性、稳定性也是一个较为重要、急需解决的问题。此外,温室控制的计算机软件也有待于进一步开发。

任务实施

通过网络或到图书馆查阅资料,进一步了解农业设施环境综合调控的方式。

任务评价

以小组为学习单位,按照项目、内容和标准进行评价。

评价项目	评价内容	评价标准
环境综合调控概念	概念的准确性、完整性	正确叙述概念，叙述不清扣分
环境综合调控方式	常见综合调控方式准确性	正确叙述概念，叙述不清扣分
环境综合调控设备	概念的准确性、实例	正确叙述设备实例，叙述不清扣分

任务巩固

1. 什么是设施栽培环境综合调控？
2. 设施栽培环境综合调控的方式有哪些？

工作任务2　设施环境综合调控（计算机控制）系统组成

任务目标

1. 了解计算机控制系统的组成；
2. 熟悉计算机系统各部分设备。

素养目标

培养学生学农、爱农、兴农的责任意识，铸牢学生爱岗敬业精神和低碳环保的理念。

任务准备

一、知识准备

（一）计算机综合调控的发展与特点

自20世纪60年代开始，荷兰率先在温室环境管理中导入计算机技术，随着20世纪70年代微型计算机的问世以及信息技术的快速发展和价格的下降，计算机日益广泛地用于温室环境综合调控和管理中。

我国自20世纪90年代开始，中国农业科学院气象研究所、江苏大学、同济大学等也开始了计算机在温室环境管理中应用的软硬件研究与开发，随着21世纪我国大型现代温室的日益发展，计算机在温室综合环境管理中的应用得到日益发展和深化。

虽然计算机在综合环境自动控制中功能强、效率高且节能、省工省力，已成为发展设施农业优质高效高产和可持续生产的先进实用技术，但温室综合环境管理涉及温室作物生育、外界气象条件状况和环境调控措施等复杂的相互关联因素，有的项目由计算机信息处理装置就能进行科学判断、合理管理，有些必须通过电脑与人脑共同合作管理，还有的项目只能依靠人们的经验进行综合判断、决策管理，可见电脑还不能完全替代人脑完成设施农业的综合环境管理。

（二）计算机控制系统的组成

计算机控制系统中，控制器对控制对象的参数、状态信息的检测和控制结束的输出在时间上是断续的，对检测信号的分析计算是数字化的，而在模拟控制系统中则是连续的。如图5-1所示。

控制器的输出称为控制量，所遵循的运算规律称为控制算法。

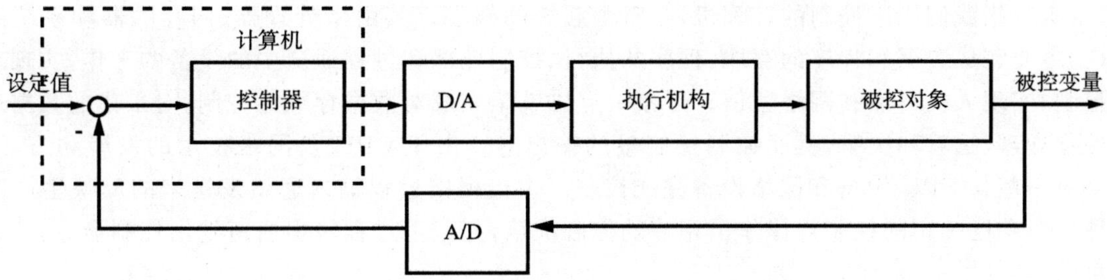

图 5-1　计算机控制系统

①计算机控制系统控制过程步骤:(三步)

• 实时数据采样:测量被控量的当前值,为断续的数字化信号;

• 实时判断:判断被控量当前值与给定值的偏差;

• 实时控制:根据偏差得出控制决策。即按预定的算法对偏差进行运算,适时适量地向执行机构发出控制信号。

②优点:

• 可实现分时对多个对象、回路的控制;

• 便于扩充修改系统功能;

• 可完成很多在模拟控制系统中硬件难以完成的功能。

③微型计算机特点:

• 体积小、结构简单;

• 价格便宜、投资少;

• 可靠性高,平均无故障时间长达几千小时至几万小时;

• 灵活性高。

计算机控制系统由工业对象和工业控制计算机(简称工控机)两部分组成。

工控机由硬件和软件两部分组成。硬件部分包括计算机主机、外部设备、外围设备、工业自动化仪表和操作控制台等。软件是指计算机系统的程序系统。

1. 硬件组成

典型的计算机控制系统的硬件包括:计算机主机、过程控制通道、操作控制台和常用的外设,如图 5-2 所示。应该指出的是,随着计算机网络技术的快速发展,网络设备也成为计算机控制系统硬件不可缺少的一部分。

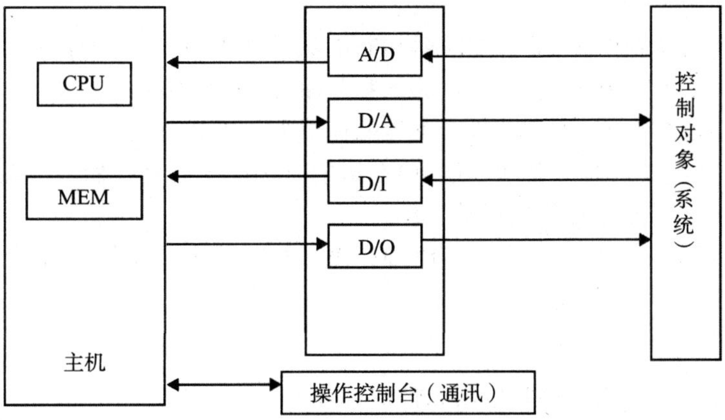

图 5-2　典型的计算机控制系统的硬件组成

(1)主机。指我们用于控制的计算机,是整个系统的核心。其由微处理器、内存贮器和系统总线等部分构成,主要完成数据和程序的存取、程序的执行、控制外部和过程通道中的设备的工作,实现对被控对象的控制,实现人机对话和网络通信。形象一点讲就是完成对数据存取的控制,对采集的数据进行滤波和线性化处理、运算和决策,从而控制控制量的输出等。由于 CPU 及网络技术的发展和广泛应用,主机还要对一些含 CPU 设备和网络设备完成控制。主机根据过程输入通道发送来的反映生产过程工况的各种信息和已确定的控制规律作出相应的控制决策,并通过过程输出通道发出控制命令,达到预定的控制目的。

(2)过程控制通道。指被控对象与主机进行信息交换的通道。其包括:模拟量输入通道(AI)、开关量输入通道(DI)、模拟量输出通道(AO)和开关量输出通道(DO)。完成过程和被控对象送往主机的模拟信号的转换,使之成为计算机能够接收的标准数字信号。

目前,大多数执行机构仍只能接收模拟信号,而计算机运算决策的最终结果是数字信号。通过模拟量输出通道完成数字量转换为模拟量。数字量输入通道的主要作用是把过程和被控对象的开关量或通过传感器已转换的数字量以并行或串行的方式传给计算机。数字量输出通道的主要作用是将计算机运算、决策之后的数字信号以串行或并行的方式输出给被控对象或外部设备,应该强调的是数字量输出通道输出的信号有时是直接驱动外部设备,其功率和阻抗的匹配是应该特别注意的。

过程控制通道应该说是计算机与被控对象及外部设备连接的桥梁,为了提高计算机的可靠性和安全性,在许多场合应该充分考虑过程控制通道的信号隔离问题。

(3)操作设备。操作控制台是计算机控制系统人机交互的关键设备,操作设备一般由 CRT 显示器(或其他显示器)、键盘、开关和指示灯组成。通过操作控制台,操作人员可以及时了解被控过程的运行状态、运行参数,对控制系统发出各种控制的操作命令;并且还可以通过操作控制台修改控制方案和程序。

(4)外部设备。指键盘终端、打印机、绘图仪、磁盘等计算机输入输出设备。

(5)通信设备。规模较大的工业生产过程,其控制和管理常常非常复杂,需要几台或几十台微型计算机才能分级完成控制与管理任务。这样系统中的微机之间就需要通信。因此,需要由通信设备与数据线将系统中的微机互联起来,构成控制与管理网络。

(6)系统支持功能。主要包括以下几部分:

①监控定时器:主要作用是在系统因干扰或其他原因出现异常时,如“飞程序”或程序进入死循环,使系统自动恢复正常工作运行,提高系统的可靠性。

②电源掉电检测:若出现电源掉电故障,能及时发现并保护当时的重要数据和 CPU 寄存器的内容,保证复电后系统能从断点处继续运行。电源掉电检测电路能检测电源是否掉电,并能在掉电时产生非屏蔽中断请求。

③保护重要数据的后备存贮体:监控定时器和断电保护功能均要有能保存重要数据的存贮体的支持,后备存贮体容量不大,在系统掉电时数据不会丢失,故常采用 NOVRAM 或带后备电池的 SRAM。为了保证可靠、安全,系统存贮器工作期间,后备存贮体应处于上锁状态。

④实时日历钟:使系统具有时间驱动功能,如在指定时刻产生某种控制或自动记录某个事件发生的时间等。实时日历钟在电源掉电时仍能正常工作。

⑤总线匹配:总线母板上的信号线在高速时钟频率运行时均为传输长线,很可能产生反射和干扰信号,一般采用 RC 滤波网络予以克服。

2. 软件部分

计算机系统的软件包含系统软件和应用软件两部分。

系统软件一般包括汇编语言、高级算法语言、过程控制语言以及它们的汇编、解释、编译程序,操作系统,数据库系统,通讯网络软件,调试程序,诊断程序等。

应用软件是系统设计人员针对生产过程要求而编制的控制和管理程序。应用软件一般包括过程输入程序、过程控制程序、过程输出程序、打印显示程序、人机接口程序等。其中过程控制程序是应用软件的核心，是控制方案和控制规律的具体实现。

(三)自动控制系统的分类

自动控制系统是在非人工直接参与的前提下，应用自动控制装置自动地、有目的地控制设备和生产过程，使它们具有一定的状态和性能，完成相应的功能，实现预定的目标。自动控制系统一般可以分为开环控制系统和闭环控制系统两大类。

1. 开环控制系统

图 5-3 为开环控制系统。所谓开环控制系统是指控制器按照先验的控制方案对对象或系统进行控制，使被控制的对象或系统能够按照约定来运动或变化。

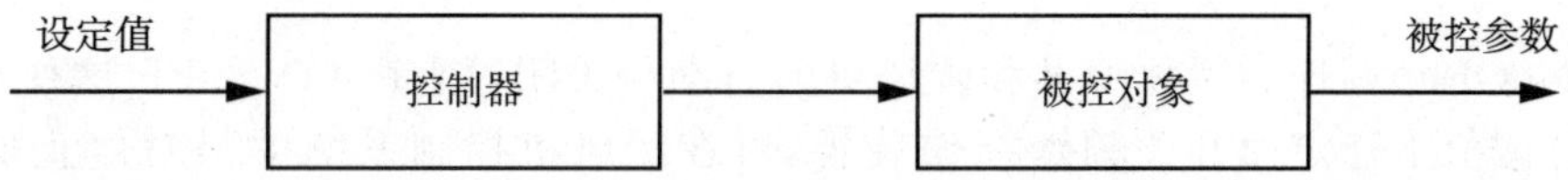

图 5-3 开环控制系统

开环控制系统是很好的一种控制方案，但是必须在实施控制之前确定准确的被控对象的数学模型和控制方案。由于开环控制系统在控制过程中得不到被控参数的信息，所以只能适应于那些控制对象明确且定常无扰动系统；若系统是时变的，则必须在控制之前明确其时变的准确规律；若有扰动，其扰动量必须可测，并且使其扰动通道的时间常数大于控制通道的时间常数。

2. 闭环控制系统

图 5-4 为闭环控制系统，很明显闭环控制系统较开环控制系统增加了一个来自被控参数的反馈信号。由于控制器得到被控对象的信息反馈，因此可实时地对其控制的结果进行检测，并且及时调节其控制量使之达到预期的效果。闭环控制可以适当降低对对象数学模型的准确了解，可以有效地解决一些不确定的随机的问题。需要注意的是，由于反馈的存在，一些闭环系统在控制参数和结构设置不合理的情况下可使原开环稳定的系统变得不稳定。

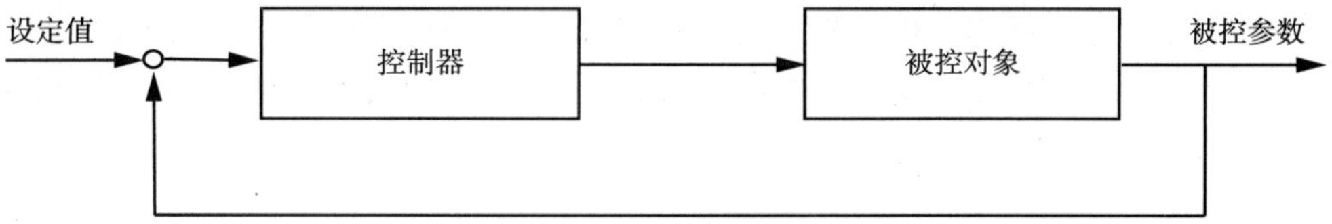

图 5-4 闭环控制系统

3. 计算机控制系统

上述的开、闭环控制系统中都含有控制器这个环节。若用计算机替代了系统中的控制器就形成了计算机控制系统，如图 5-5 所示。

计算机控制系统的控制过程可简单地归纳为三个过程：①通过计算机的外部设备获取被控对象的实时信息和人的指令性信息。这些信息是计算机进行计算或决策的素材和依据。②根据预先编好的程序对从外设获取的信息进行处理。这种数据处理应包括信号的滤波、线性化校正、标度的变换、运算与决策等。③最终处理完的信息通过外部设备将这些信号送到控制对象。通过显示、记录或打印等操作输出其处理或获取信息的情况。

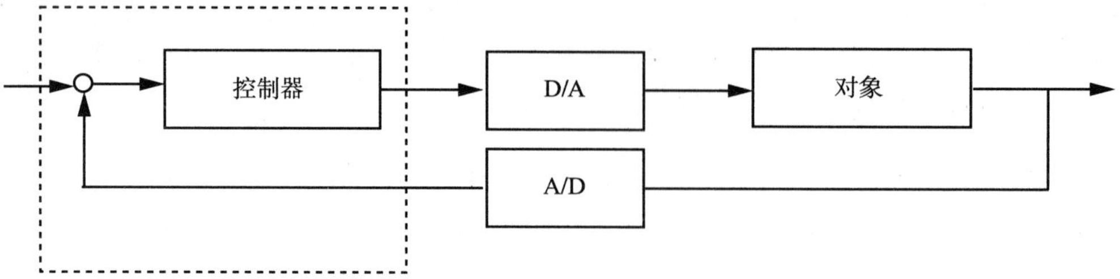

图 5-5 计算机控制系统

(四)计算机综合环境调控

1. 输出原理

(1)开关(ON、OFF)调控。屋顶喷淋和暖风机的启动与关闭等采用 ON、OFF 这种最简单的反馈调节法,为防止因计测值不稳定而开关频繁损伤装置,可在暖风机控制系统中只对停止加温(OFF)加以设定。

(2)比例积分控制法。如换气窗的开闭,在调节室内温度时,换气窗从全封闭到全部开启是一个连续动作,电脑指令换气窗正转、逆转和停止,可调节换气窗成任意开启角度,采用比例积分控制法,是根据室温与设定温度之差来调节窗的开度大小,是一种更加精确稳定的方式。

(3)前馈控制法。如灌溉水调控没有适宜的感应器,不可能进行技术监测时,可根据经验依据辐射量和时间进行提前启动。

2. 加温装置的调控

通常有暖风机加温和热水加温两种。暖风机加温现在多以开关调节,在加温负荷小时容易超调量,要缩小启动间隙(关闭的设定值提高 0.2~1.0 ℃)。有效积分控制是一种更有效的方法,均有配套软硬件组装设备。热水加温装置由调控锅炉运行,从而能精确调节水温。

3. 换气窗的调控

用比例积分法控制。外界气温低时,即使开启度很小也会导致室温的很大变化,依季节不同调整设定值,根据太阳辐射量和室内外温差做成指令,自动调节窗的开闭度。遇强风时,指令所有换气窗必须关闭,依风向感应器和风速也可仅关闭顶风侧的窗,仅调节下风侧的换气窗的开闭。降雨时,指令开窗关闭到雨水不侵入温室的程度。

4. 保温幕的调控

以保温为目的依辐射、温度和时间的不同而开闭,通常根据温室热收支计算结果,做成开闭指令,但存在确保作物需要一定的光照长度和湿度的矛盾,因此必须在不发生矛盾的原则下进行调节。输入设定值还要根据幕的材料而异,反射性不透明的铝箔材料则依辐射强度来设定,透明膜则依热收支状况来设定。保温幕的调节与换气设备、加温设备调控密切相关,如不可能发生开窗而保温幕关闭的状态。又如日落后,加温装置开启前,关闭保温幕可以节省能耗,三者需配合协调。

5. 湿度控制

包括加湿与除湿调控。用绝对湿度作物设定值,除开启换气窗来调节外,也有的利用除湿器开关控制即可,加湿一般采用喷雾方式,但同时造成室温下降,相对湿度升高,输入设定值时必须考虑温度指标,并根据绝对湿度和饱和指标。

6. CO_2 调控

不论利用 CO_2 发生器或罐装 CO_2 均采用开关简单调节电磁阀开关。按太阳辐射量定时定周期开

放 CO_2 气阀，并按 CO_2 浓度测定计送气和停气，以防止换气扇开启时 CO_2 外溢浪费资源。

7. 环流风机控制

使室内气温、CO_2 浓度分布均匀而采用。即使换气窗全封闭时，少量送风，也有防止叶面结露，促进光合与蒸腾的效果。在温室关窗全封闭时或加热系统启动供暖时运转十分有效。

8. 营养液栽培及灌水的调控

水培作物营养液采用循环供液时，控制供液水泵运转间隔时间和基质无土栽培营养液的滴灌，应该根据日辐射量设定供液量和供液间歇时间，通常采用前馈启动调节。营养液的调节通常通过 pH 计测定。EC 计测定值决定加入酸、碱和营养液的量。

（五）计算机控制系统在现代化温室中的应用

现代化温室是一个高投入高产出的行业，它运用了多种先进的科学技术和仪器设备，从温室的降温到保温，从光照调节到 CO_2 增施，从精确施肥到节水灌溉，设备繁多，专业性强，因此如何使这些复杂的设备协调运作、便于控制和管理，是温室使用水平高低的象征，温室计算机控制系统则是专门用于对整个温室环境进行综合控制的先进手段。计算机控制系统由温室控制器、室外气象站、通信单元、监视器及输出单元组成。

温室控制器主要从室内传感器及气象站接收各类环境因素信息，通过复杂的逻辑判断和运算，控制相应温室设备运作，以调节温室环境。室外气象站主要完成温室外部温、湿、光、风、雨、雪等环境因素的检测。通信单元则担负着在室外气象站、室内传感器与温室控制器及温室控制器与上位计算机之间的数据通信作用，而计算机和输出打印设备则帮助种植者提供全面细致的数据分析，直观监测和打印、保存历史数据。通过计算机集成监控系统，根据室内外气候条件的变化，可对温室的天窗、侧窗、遮阳幕、微雾、湿帘、加热器等设备进行精细控制，实现温室的通风降温、除湿、加湿、遮阳保温、智能加温、空气对流、补光补气、科学灌溉、施肥、抗风、防雨雪、pH 及 EC 值的检测与调节和故障报警等功能，为温室种植者提供一个更易管理、便于操作的全新方法。即使整座温室分成多个不同的种植区，每个种植区栽培不同的作物，配置不同的设备，实施不同的管理，智能温室计算机控制系统也一样能应付自如，毫不费力。

目前温室控制器的种类很多，国内外高、中、低档温室控制器应有尽有。其主要区别在于控制理念上的不同，如比较高档的控制器，其控制理念属于模糊控制，具有一定的预见性，可以根据温室内外各种条件综合判断其发展趋势，在控制点还没有达到时提前采取措施，因此其控制精度要高于其他控制器。比如冬季的某个上午，光照较好，室内暖气还在加热，室内设定温度为 15～18 ℃，此时室内温度为 15 ℃，由于光照强度会逐渐增强，室内温度会由于阳光的进入而逐渐升高。此时，高档的控制器会逐渐减少暖气的供热量，使温度保持在一个恒定的数值，而低档的控制器会等到温度升到 18 ℃时才会有反应，而且其反应可能不是关掉暖气，反而是打开天窗进行降温以达到温度要求。但并不是说控制器功能越强大越好，毕竟其价格昂贵，因此要根据温室的具体配置情况进行选择，经济性和实用性是必须要考虑的两个因素。

二、材料准备

1. 当地温室控制系统；
2. 与本任务相关的各类材料。

任务实施

通过网络或到图书馆查阅资料，进一步了解温室控制系统。

任务评价

以小组为学习单位，按照项目、内容和标准进行评价。

评价项目	评价内容	评价标准
计算机控制系统概念	概念的准确性、完整性	正确叙述概念，叙述不清扣分
计算机控制系统组成	常见计算机系统组成要求准确性	正确叙述概念，叙述不清扣分
计算机控制系统在温室的应用	概念的准确性、实例	正确叙述实例温室，叙述不清扣分

任务巩固

1. 什么是计算机控制系统？
2. 简述计算机控制系统的组成。

任务拓展

计算机发展历程

计算机的应用是非常广泛的，它几乎渗透到人类社会的各个环节。计算机控制是计算机应用的一个非常大的分支，涉及国防、工业、农业、商业等各个不同的领域。信息化带动工业化是我国的基本国策，利用信息技术改造传统产业是信息化带动工业化的基础工作，计算机控制是这项工作的主要手段。

计算机控制是将计算机技术应用于工农业生产、国防等行业自动控制的一门综合性学科与技术。计算机控制是以计算机、自动控制理论、自动控制工程、电子学和自动化仪表为基础的综合学科。

计算机控制系统就是以计算机替代了原模拟控制系统的控制器（控制仪表）组成的自动控制系统，但是这种取代绝不是一种简单的替代而是一种升华。古典控制理论是20世纪40年代发展起来的，直到目前，许多工程仍然采用古典控制理论进行分析和设计，这些方法用来处理单输入—单输出的线性定常系统是卓有成效的。随着科学的发展、技术的进步和对控制要求的提高，控制对象越来越复杂多样，使系统的控制越来越复杂，出现了多输入—多输出的多变量系统、非线性系统控制、时变和分布参数控制系统。

对于这些系统，使用常规的控制方法和手段来实现是十分困难的，因此，计算机尤其是微型计算机的出现自动控制领域和其应用，使自动控制水平产生了巨大的飞跃。微电子技术和计算机技术的发展，为计算机控制的发展奠定了坚实的基础。

自1946年世界上第一台可以由程序控制的计算机（称为电子数字器与计算器）ENIAC诞生以来，人们就试图将这种运算速度快，又能存储又能进行算术和逻辑计算的机器应用于自动控制系统中。然而这种昂贵的运算机器在当时作为控制器来说是大材小用，于是人们希望用这种计算机来完成许多回路的数据采集与控制，而当时计算机的可靠性又难以胜任控制器所需要的高可靠性。

自计算机诞生之日起的近二十年，计算机主要应用于科学计算与实际生产过程的数据采集与数据处理。后来在实验的基础上完成了开环和闭环的控制，该控制系统以综合指标出发确定了热水循环系统的最佳参数，同时也揭开了计算机控制系统的辉煌一页。该项成果的取得激发了从事计算机制造与自动控制研究者的兴趣，他们纷纷投入人力、物力进行这方面的研究和开发。

在20世纪60年代，计算机控制系统已成功地应用于化工、钢铁和电力等不同的领域，但这些系统还都是以数据的采集和处理为主。自1971年世界上第一片四位微处理器出现以来，微型计算机得以快速发展；1993年Pentium处理器的出现更使微型计算机在运算速度等诸多方面得以长足发展，同时也使计算机控制系统得以飞速发展。微处理器和微型计算机的诞生与发展为实现分散控制创造了良好的条件。由于其价格低廉，可以把计算机分散到各个生产装置中去实现小范围局部控制，功能分散后，技术上比较容易实现。这不仅使计算机出现故障的危险得到分散，使控制的速度得以提高，同时也给系统的数字建模带来了方便。

随后一直到20世纪80年代末，集散控制系统迅速发展，有几万套集散系统投入运行，不但得到使用者的高度评价同时也为制造商和使用企业带来了巨大的经济效益。目前，计算机控制技术正向着深度和广度发展。在广度方面，向着大系统或系统工程的方向发展，向着管理控制一体化的方向发展。从单一过程、单一对象的局部控制，发展到对整个工厂、整个企业，甚至对社会经济、国土利用、生态平衡、环境保护等大规模复杂对象和系统进行综合控制。在深度方面，则向着智能化方向发展，人们逐步地引入了自适应、自学习等控制方法，并且模拟生物的视觉、听觉和触觉，能够自动地识别图像、文字、语言，进一步根据感知的信息进行推理分析、直观判断、自主学习、自行解决故障和问题。

计算机在控制系统中的应用，不但带动了计算机技术的发展，同时也推动了自动控制理论和工程的发展。回顾过去，展望未来，历史的启迪，未来的召唤，计算机控制技术这一新兴的和具有无限辉煌前景的学科，必将成为今后科技发展的最重要学科之一。

工作任务3　农业环境监控系统组成

任务目标

1. 了解温室控制系统组成；
2. 掌握温室控制系统的分类和作业。

素养目标

培养学生学农、爱农、兴农的责任意识，铸牢学生爱岗敬业精神和低碳环保的理念。

工厂化环境控制工程

任务准备

一、知识准备

（一）信号采集检测系统

信号采集检测系统既可以作为控制系统的一个组成部分，也可以作为独立的系统来监测温室内外各个环境参数，为生产者提供科学管理的依据。信号采集检测系统的功能是对大量的过程状态参数实现巡回检测、数据存贮记录、数据处理（计算、统计、整理）、实时数据分析以及数据越限报警。信号采集检测系统由传感器、测量变送电路和显示记录装置三部分组成。

传感器是把被测量的物理量、化学量和生物量等变换为与之有确定对应关系并便于测量的电学量的装置。传感器的种类很多，按被测量的性质可将传感器分为：机械量传感器，如位移、速度传感器等；热学量传感器，如温度、流量传感器等；化学量传感器等。

测量变送电路是将传感器输出的信号转换成易于测量的电压或电流信号。传感器的输出通常是微弱的，需要由测量电路进行放大，并进行阻抗匹配、微分、积分、线性化补偿等信号处理工作，以满足显示记录装置或数据处理仪器的需要。

显示记录装置是使人们了解检测数值的大小或变化的过程。目前常采用模拟显示、数字显示、图像显示、曲线显示和计算机屏幕显示等方式。

（二）控制系统组成

控制系统是由信号检测、控制器和执行机构三大部分组成的。对于温室环境控制系统来说，具体内容如下。

1. 环境信号检测

温室环境检测是指对温室内的气温、湿度、光照、CO_2 浓度等环境参数进行实时检测，以便对温室内的环境变化进行分析和改进决策。这些环境参数可以通过传感器来检测，例如使用温度传感器、湿度传感器、光照传感器、CO_2传感器等。这些传感器可以将环境参数的变化转换为电信号，并将信号传输到控制系统中进行处理和分析。

2. 驱动/执行机构

温室的执行机构主要有：开窗系统、拉幕（外遮阳、内保温幕帘）系统、风机子系统、湿帘水泵系统、喷雾系统、加温系统、CO_2施放系统、补光系统、营养液配比子系统、灌溉泵阀系统等。

这些子系统的控制方式、驱动方式、控制电路图及原理等都不同，根据接受控制指令的驱动/执行机构可分为三大类：

①第一类是正反转运行电机，如开窗、拉幕电机等；

②第二类是开/关控制设备，如风机、水泵、电磁阀等；

③第三类是模拟量控制设备，如某些锅炉加热系统调节出水管温度的电动阀、补光系统中的光强可调节的补光灯等。

在控制系统中驱动/执行机构是通过连接导线连接至一个电气控制箱中的接触器等元器件上，这样，通过电气控制箱面板上的手动开关按钮，或者自动控制器输出电信号，导通与电气控制箱连接的继电器控制盘，便可实现对执行机构的驱动控制。

3. 控制器

控制器是整个控制系统的核心，作用是将传感器采集的信号进行预处理后，按照一定的控制算法计算得到控制指令，再通过输出设备（如继电器控制盘等）发给执行机构使调控设备工作，从而保证温室环境因子达到目标值范围。

控制器可分为三个部分，一是输入信号处理部分；二是控制算法软件和硬件平台部分，储存有温室环境的自动控制算法软件，能根据控制目标值和传感器实时测量值，通过算法计算得到当前时刻的控制指令；三是输出处理和输出设备部分，它由模拟量控制模块和继电器控制盘（开关量控制模块）组成，通过这一部分便能将控制指令实时传达给执行机构，完成控制动作。

将控制器和传感器及执行机构联成一个系统，便组成了温室环境控制系统。

（三）控制系统分类

温室环境控制系统根据控制方式可分为手动控制系统、自动控制系统和智能控制系统。

1. 手动控制系统

手动控制系统由手动开关按钮等输入电气元件和继电器、接触器等输出电气元件组成，它们和电源开关、电压表、电气保护元件等一起集成在电气控制箱中。如图 5-6 所示。

图 5-6 手动控制系统

手动控制系统不是根据传感器测量的信号通过控制器计算后对执行机构进行自动控制的，而是人根据自己的经验操控电气控制箱面板来对执行机构系统实施手动控制。因此，这种控制方式具有明显的缺点，遇到突如其来的气象灾害，如暴风雨时，难以及时对温室实施保护控制。手动控制系统的优点是系统简单，省去了信号检测部分和控制器部分，成本低。

2. 自动控制系统

温室环境自动控制系统由信号检测、自动控制器和执行机构三部分组成，其系统组成框图如图 5-7 所示。

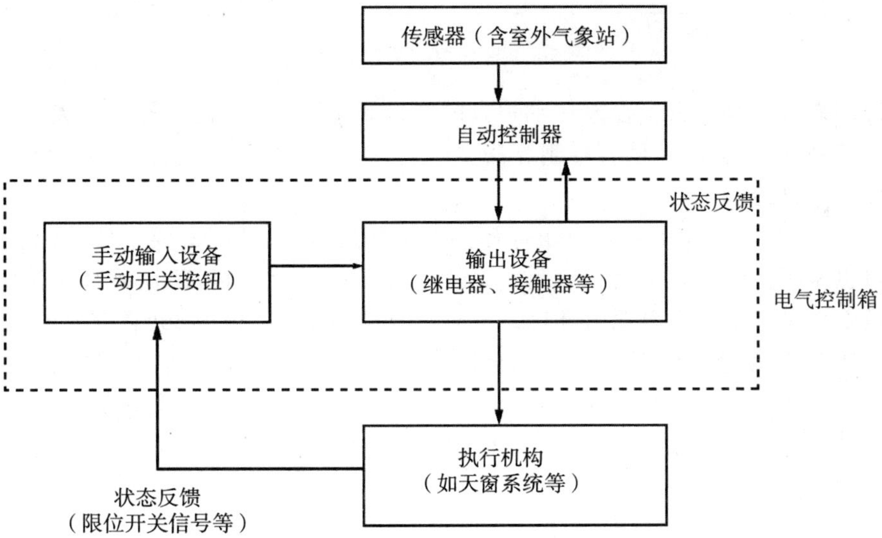

图 5-7 自动控制系统

自动控制器有以下几种类型。

(1)简易数字式控制仪控制系统

这种控制系统的自动控制器部分为简易数字式控制仪。该控制仪只能对温室的某一环境因子如温度实施自动监控。在控制仪上设定好该因子目标值的上下限，控制仪自动对执行机构进行开启或关闭控制，从而使温室的该环境因子控制在设定的范围内。如温控仪可通过对风机、湿帘降温或喷雾降温等执行机构的开关控制(当室内温度超过设定的目标温度范围上限时自动开启降温系统，低于下限时自动关闭降温系统)来调节温室的温度。因此，系统框图中的传感器部分一般也只有测量这一环境因子的单个传感器即室内温度传感器。

(2)现场控制器控制系统

这种控制系统组成如图 5-8 所示。图中的自动控制器模块为单片机系统或可编程控制器(PLC)。由于单片机或 PLC 能够进行编程,故具备计算机系统的输入—输出数据处理、编程运算、键盘输入及显示功能,能储存控制算法软件,通过实时检测温室内外气象和环境因子的变化,反馈到控制算法中。控制算法便能根据这些反馈量、各环境因子的协调关系模型和综合优化控制算法,自动计算出相应的控制量,对各个执行机构做出相应的改变和调整,能够实现对温室内多个环境因子的综合控制,所以系统中传感器模块应包含室外气象站和室内的各环境因子的检测传感器。

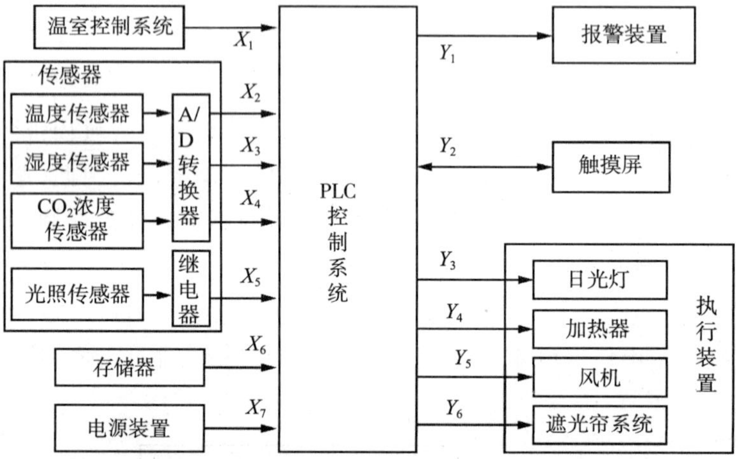

图 5-8　现场控制器控制系统

这种系统控制效果主要取决于存放在单片机中的控制算法,控制算法是直接关系到控制系统能否完成多因子综合控制的关键技术,倘若控制算法本质上只能控制单个环境因子,则该控制系统便无法达到多因子综合控制的目的。

另外,由于单片机系统(或 PLC)相对于计算机来说是简单的,虽具备成本低和配置灵活等优点,但由此带来的缺点也是明显的。一是由于单片机系统大都自行开发研制,往往研制时没有充分考虑温室内的高温高湿及农村电压不稳定等恶劣环境。二是单片机系统和 PLC 的计算存储能力有限,故只能运行相对简单的控制算法,实现基本的多因子综合控制功能,而不能承担过多的温室管理工作,如显示或打印各因子的变化曲线图并预测其变化趋势等。三是 PLC 比较适合于开关量的控制问题。因此,采用 PLC 时应尽量减少模拟量的输出控制,带多路模拟量的 PLC 价格较高。这种类型控制系统适合于对作物生长环境要求较高的中高档温室。

(3)上下位机式计算机管控一体化系统

这种控制系统的自动控制模块由“现场控制器(单片机等)”加计算机构成,它们分别承担控制与管理任务,一起构成管控一体化系统。其子系统构成如图 5-9 所示。

这里计算机控制部分有两种情况:第一种是把控制器作为下位机放在温室里承担控制任务,而计算机放在中心机房,通过通信连线与现场控制器连接,计算机只完成监视和数据处理工作,温室管理者可以利用计算机获取管理所需的数据图表并打印,还可利用计算机上的可视化操作界面,对现场控制器参数提出修改,并进行手动操作和自动控制两种操作。第二种是把现场控制器的控制功能与计算机管理功能集成在一台工业控制计算机内来完成。与现场控制器控制系统原理相同,其核心是温室环境多因子综合控制算法。由于计算机的存储计算功能比单片机系统更加强大,因而能实现性能更优,更复杂的先进控制算法。

这种控制系统的主要优点是控制、管理功能强大,操作直观方便。通过编程创建的可视化控制操作界面,可实现“傻瓜式”操作。其缺点是成本比现场控制器控制系统高,且对通信的可靠性有较高的要

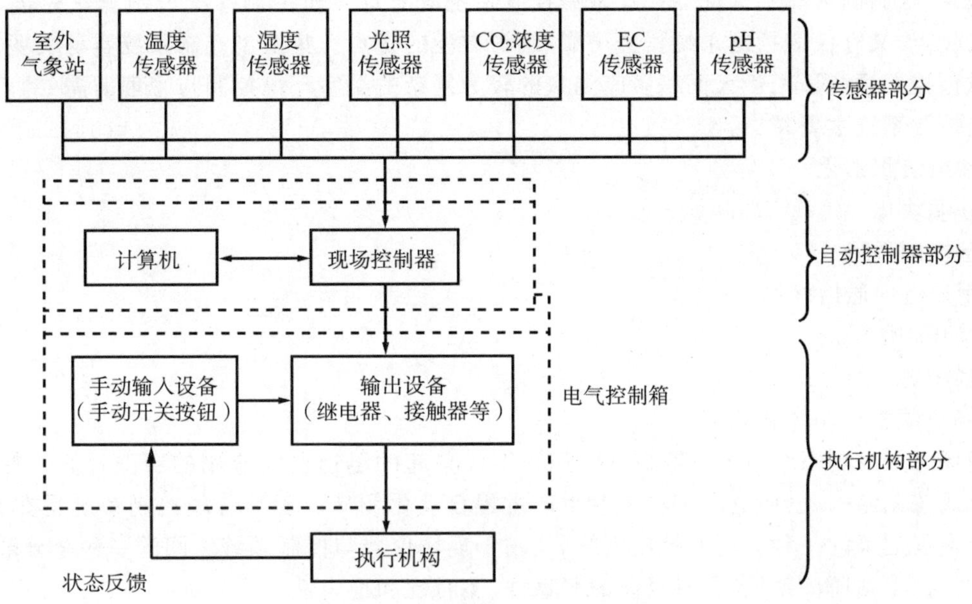

图 5-9 计算机管控一体化系统

求。这种控制系统适合于对环境调控和管理要求都比较高的单个中高档温室的环境调控。

(4)集散式计算机管控一体化系统

简称集散型控制系统(DCS),也称为分布式计算机控制系统,如图 5-10 所示。它是以数台乃至数百台的微型计算机分散地分布在各个生产现场,作为现场控制站或者基本调节器实现对生产过程的检测与控制,代替了大量的常规模拟仪表。因此,既能克服模拟仪表的功能单一性和局限性,又能避免计算机集中控制的危险性,不仅具有传统的控制功能和集中化的信息管理及操作显示功能,而且还有大规模数据采集、处理的功能以及较强的数据通信能力,为实现高等过程控制和生产管理提供了先进的工具和手段。整个系统由监控和管理计算机、数据集中器、室外气象站系统和各个温室的控制器组成。

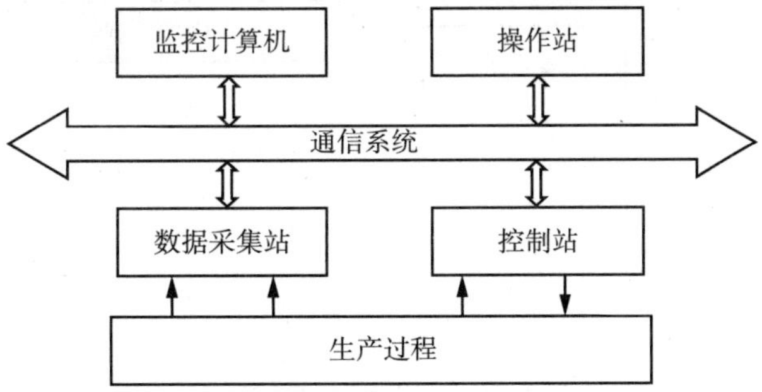

图 5-10 集散型控制系统

在整个系统中,数据集中器和各温室控制器都具有一定的数据处理和存储能力,这样可以保证在监控和管理计算机短期失效的情况下,整个系统仍然可以正常工作,保证了系统的可靠性和稳定性。可以采用普通的 PC 机代替工业控制机,从而进一步降低成本。监控和管理计算机在系统中完成用户和温室控制的人机交互、参数设定、数据统计管理以及需要高速运算的数据处理等功能。其控制原理与上下位机式计算机管控一体化系统的控制原理基本相同。

集散型控制系统可以实现多层次功能如控制层、监督控制层、决策管理层和计划调度层等,它采用一个或多个控制单元对回路进行控制,其控制回路分散到一些控制板一级的节点上,每个控制节点又有多个回路。因而具有控制分散和信息集中、高度的灵活性和可扩展性、较强的数据通信能力、友好而丰富的人机联系、极高的可靠性等优点。集散型控制系统既有计算机控制系统控制算法先进、精度高、响应速度快的优点，又有仪表控制系统安全可靠、维护方便的优点。集散型控制系统容易实现复杂的控制规律。集散型控制系统适用于大面积多座温室的较为复杂的温室环境控制与管理的需要。

集散型控制系统主要特点：

- 硬件组装积木化
- 软件模块化
- 组态控制系统
- 应用先进的通信网络
- 具有开放性
- 可靠性高

(5)现场总线管控一体化系统

简称现场总线控制系统(FCS)是 20 世纪 90 年代兴起的迅速得以应用的新型计算机控制系统，是新一代分布式控制结构，已广泛应用在工业生产过程自动化领域。现场总线控制系统是在集散型控制系统基础上发展起来的一种新型的控制系统，是用于现场仪器与控制系统之间的一种全分散、全数字化的双向、多变量、多站通信系统，具有很高的可靠性、实时性和稳定性。

现场总线控制系统完全是分散式的体系，体系总线一直延伸到现场仪表或设备，包括温室各种传感器、执行机构等，构成现场体系网络。每台现场仪表或设备是网路上的一个节点，即具有多功能的现场仪表可以相互交换数据、相互操作和相互取代，很多控制与运算功能可直接在现场仪表中完成，构成分散输入/输出、分散控制和分散运算的分布网路，其控制的全部分散到现场，控制回路由现场设备实现。现场总线控制系统结构如图 5-11 所示。

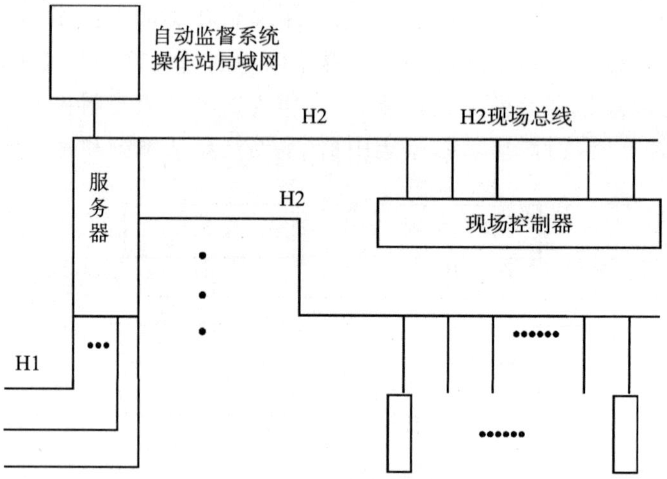

图 5-11　现场总线控制系统

现场总线控制系统采用了国际标准化组织(ISO)的开放系统互连(OSI)模型，具有很好的开放性、互换性和互操作性。另外，现场总线大幅度提高了总线的通信能力，使之能够适应更为复杂的温室环境控制系统的需要。但缺点是成本太高，适用于大面积多座温室的更为复杂的温室环境控制与管理(如可直接接于 Internet 网络连接，实现对温室的远程操控等)的需要。

3. 智能控制系统

温室环境自动控制系统虽然能够通过其控制算法实现对温室环境多因子的综合控制，但从控制算法及其系统功能来看，还有两点不足：一是控制算法中不含有实际有效的不同生长阶段的作物生长最佳环境因子模型和作物与环境相互作用的关系模型，因而对不同品种不同生长期的众多性能仍与使用人的经验有关，而不能靠模型自动确定；二是控制算法中的多因子协调也缺少可用的模型指导。

随着温室种植的高附加值经济作物对环境因子调控性能的要求越来越高，必须利用智能控制的原理来解决以上两个问题，使自动控制系统中的“温室环境因子综合控制算法”走向“智能控制算法”阶段，从而减少或根除其与使用者的经验密切相关的问题。温室环境智能控制系统就是包含有这样的智能控制算法的自动控制系统，配有这样的控制系统的温室才能称为“智能温室”。其最大特点是不过分依赖使用者的经验，控制参数完全由算法中的模型自动确定。

智能温室控制系统是近年来逐步发展起来的一种资源节约型高效农业发展技术，它是在普通日光温室的基础上，结合现代化计算机自控技术、智能传感技术等高科技手段发展起来的。自 20 世纪 80 年代以来，我国农业工程技术人员在吸收发达国家高科技温室生产技术的基础上，进行了温室中温度、湿度、CO_2 和营养液等单项环境因子控制技术的研究，研制开发我国自己的智能温室控制系统。

(1)智能温室控制的特点

智能温室控制主要是根据外界环境的温度、湿度、CO_2 含量、光照以及风速、风向、雨量等气候因素，来控制温室内的温度、湿度、通风、光照，创造出适合作物生长的最佳环境，同时还对影响作物生长的各种营养元素进行动态的配方管理。在这种控制中，温度、湿度、CO_2 含量、光照等被控量之间存在着强烈的相互关系，某个被控量的改变，会影响到其他被控量的变化。智能温室控制综合了多方面的技术，为植物的生长创造了适宜的环境，使植物的产量与质量有了很大的提高，因此已成为高效农业的一个发展方向。智能温室控制系统无论是对新建温室还是原有温室的改造都有很好的应用前景。

(2)智能温室控制的系统构成

针对智能温室的特点，智能温室控制系统应是一种具有良好控制精度、较好的动态品质和良好稳定性的系统，对植物生长不同阶段的需求制定出监测的标准。监测温室环境，并将测得的参数比较后进行调整，智能温室控制系统构成(图 5-12)，包括上位机部分、下位机部分、数据采集及测量部分和执行部分。

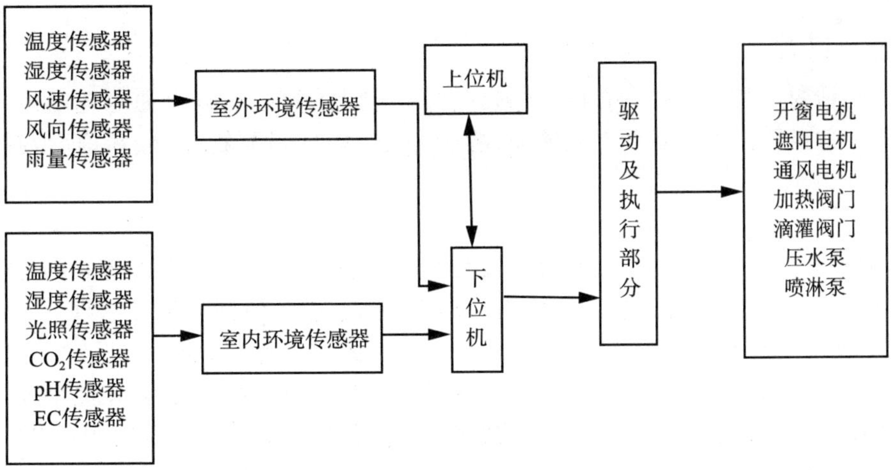

图 5-12 智能温室控制系统构成图

上位机部分

上位机系统选用个人计算机，主要用于数据处理、通信、系统控制、实时显示及修改各种控制数据、曲线，记录每天的各种采集数据，以备查阅。由于影响作物生长的因素(如温度、湿度等)大都是一种多输入、多输出、大滞后的非线性控制变量，还需要动态、实时、有效、可靠的人机接口(HMI)的可视化界面，因此，可以选用工控组态软件。该软件为用户提供了从数据采集到数据处理、报警处理、流程控制、动画显示、报表输出、曲线显示等解决实际工程问题的各种方案与实施工具，用户可避开复杂的计算机软硬件问题，只需根据工程作业的需要和特点进行方案设计与组态配置，即可生成相应的应用软件，并且可以方便地组网，实现系统扩充。利用 MCGS 的上述特点，在 HMI 中可以完成以下功能。

动态、实时地监测温室内、外的温度、湿度、CO_2 含量、风速、风向、雨量等变化值，并且可以通过 RS—232/485 转换器和下位机内部进行数据通信，将画面上的模拟开关与下位机连接起来，当操作人员点击画面上的模拟开关时，就可控制温室内电机及阀门的实际开合与通断。除对参数进行监测外，还可将作物生长所需环境因素的范围值输入到上位机中，传入下位机进行对比分析，通过对窗、帘、通风等进行开关调节，使温室内的环境达到要求。

由于现场的下位机是装在控制柜内的，因此还必须设置下位机状态检测，使用户可以清楚地知道下位机的工作状态，加强系统的故障排错能力。

下位机部分

下位机系统可以选用 ARM 单片机。它主要用于现场实地检测及控制，完成数据处理，根据农作物生长的控制曲线进行滴灌及营养液（肥料）的配比和实施，同时将控制及测量结果传送到上位机，并接受上位机的指令。

由温室内各传感器采集到的数据通过总线传输到上位机，利用其丰富的指令进行数据处理，再通过 RS—232/485 转换器传输给上位机和执行机构动作，完成各项控制功能。

数据采集及测量部分

通过各种高性能传感器对外界气候环境进行测量及数据采集，对温室内的温度、湿度、CO_2 含量及养分的 pH 进行实时数据采集，并将测量结果通过接口送至上位机中，上位机根据控制要求对整个温室进行综合控制。

执行部分

执行部分包括天窗开合电机、遮阳帘开合电机、通风电机、灌溉阀门、加热阀门、CO_2 施放阀门、喷淋泵、压水泵、营养液的施放等，通过上位机输出的控制信号驱动执行机构以实现上述功能。为了保证执行机构的安全，各执行部件的限位开关的常闭点都接在电机线路里，用常开点作为上位机的输入信号，达到双保险的目的。

4. 传感器选用原则

了解传感器的结构及其发展后，如何根据测试目的和实际条件，正确合理地选用传感器，也是需要认真考虑的问题。选择传感器主要考虑灵敏度、响应特性、线性范围、稳定性、精确度、测量方式等六个方面的问题。

(1)灵敏度

一般说来，传感器灵敏度越高越好，因为灵敏度越高，就意味着传感器所能感知的变化量越小，即只要被测量有一微小变化，传感器就有较大的输出。但是，在确定灵敏度时，要考虑以下几个问题。

其一，当传感器的灵敏度很高时，那些与被测信号无关的外界噪声也会同时被检测到，并通过传感器输出，从而干扰被测信号。因此，为了既能使传感器检测到有用的微小信号，又能使噪声干扰小，就要求传感器的信噪比越大越好。也就是说，要求传感器本身的噪声小，而且不易从外界引进干扰噪声。

其二，与灵敏度紧密相关的是量程范围。当传感器的线性工作范围一定时，传感器的灵敏度越高，干扰噪声越大，则难以保证传感器的输入在线性区域内工作。不言而喻，过高的灵敏度会影响其适用的测量范围。

其三，当被测量是一个向量，并且是一个单向量时，就要求传感器单向灵敏度越高越好，而横向灵敏度越小越好；如果被测量是二维或三维的向量，那么还应要求传感器的交叉灵敏度越小越好。

(2)响应特性

传感器的响应特性是指在所测频率范围内，保持不失真的测量条件。此外，实际上传感器的响应总不可避免地有一定延迟，只是希望延迟的时间越短越好。

(3)线性范围

任何传感器都有一定的线性工作范围。传感器工作在线性区域内,是保证测量精度的基本条件。然而,对任何传感器,保证其绝对工作在线性区域内是不容易的。在某些情况下,在许可限度内,也可以取其近似线性区域。例如,变间隙型的电容、电感式传感器,其工作区均选在初始间隙附近。而且必须考虑被测量变化范围,令其非线性误差在允许限度以内。

(4)稳定性

稳定性是表示传感器经过长期使用以后,其输出特性不发生变化的性能。影响传感器稳定性的因素是时间与环境。为了保证稳定性,在选择传感器时,一般应注意两个问题。

其一,根据环境条件选择传感器。例如,选择电阻应变式传感器时,应考虑到湿度会影响其绝缘性,湿度会产生零漂,长期使用会产生蠕动现象等。又如,对变极距型电容式传感器,因环境湿度的影响或油剂浸入间隙时,会改变电容器的介质。光电传感器的感光表面有尘埃或水汽时,会改变感光性质。

其二,要创造或保持一个良好的环境,在要求传感器长期地工作而不需经常地更换或校准的情况下,应对传感器的稳定性有严格的要求。

(5)精确度

传感器的精确度是表示传感器的输出与被测量的对应程度。在实际中也并非要求传感器的精确度越高越好,这还需要考虑到测量目的,同时还需要考虑到经济性。因为传感器的精度越高,其价格就越昂贵,所以应从实际出发来选择传感器。如果测量目的是定性分析的,必须有高精确度的传感器。

(6)测量方式

传感器在实际条件下的工作方式,也是选择传感器时应考虑的重要因素。例如,接触与非接触测量、破坏与非破坏性测量、在线与非在线测量等,条件不同,对测量方式的要求也不同。

除了以上选用传感器时应充分考虑的一些因素外,还应尽可能兼顾结构简单、体积小、重量轻、价格便宜、易于维修、易于更换等条件。

二、材料准备

1. 当地温室控制系统;
2. 与本任务相关的各类材料。

气象站

任务实施

通过网络或到图书馆查阅资料,进一步了解温室智能控制系统。

任务评价

以小组为学习单位,按照项目、内容和标准进行评价。

评价项目	评价内容	评价标准
智能温室控制系统概念	概念的准确性、完整性	正确叙述概念,叙述不清扣分
智能控制系统的类型	不同控制系统类型的结构特点	正确叙述概念,叙述不清扣分
传感器的选型	概念的准确性、实例	正确叙述实例作物,叙述不清扣分

任务巩固

1. 简述智能控制系统的特点。
2. 常见的智能控制系统的类型有哪些?

模块二　监测数据分析

工作任务1　监测误差及处理

任务描述

由于实验方法和实验设备的不完善、周围环境的影响以及人的观察力、测量程序等限制，实验观测值和真值之间，总是存在一定的差异。人们常用绝对误差、相对误差或有效数字来说明一个近似值的准确程度。为了评定实验数据的精确性或误差，认清误差的来源及其影响，需要对实验的误差进行分析和讨论。由此可以判定哪些因素是影响实验精确度的主要方面，从而在以后实验中，进一步改进实验方案，缩小实验观测值和真值之间的差值，提高实验的精确性。

任务目标

1. 了解监测误差处理要求；
2. 掌握监测数据误差处理方法。

素养目标

培养学生学农、爱农、兴农的责任意识，铸牢学生爱岗敬业精神和低碳环保的理念。

任务准备

一、知识准备

（一）测量误差

测量是人类认识事物本质所不可缺少的手段。通过测量和实验能使人们对事物获得定量的概念和发现事物的规律性。科学上很多新的发现和突破都是以实验测量为基础的。测量就是用实验的方法，将被测物理量与所选用作为标准的同类量进行比较，从而确定它的大小。

1. 测量的定义

广义而言，测量就是用实验手段对客观事物获取定量信息的过程。具体地说，测量就是将待测量与标准量进行比较，确定被测量的量值。通俗地讲就是借助仪器、用某一计量单位把待测量的大小表示出来，确定待测量是该计量单位的多少倍。测量数据要写明数值的大小和计量单位。

2. 测量的类型

（1）按测量方式分为直接测量和间接测量

1)直接测量：用测量仪器能直接测出被测量的测量值称为直接测量。相应的被测量称为直接测量量。例如，用米尺测物体的长度、用天平称物体的质量、用秒表测时间等均是直接测量。相应的长度、质量、时间等均称为直接测量量。直接测量按测量次数分为单次测量和多次测量。

①单次测量：只测量一次的测量称为单次测量。主要用于测量精度要求不高、测量比较困难或测量过程带来的误差远远大于仪器不确定度的测量中。如在测量杨氏弹性模量实验中，测钢丝长度就用的是单次测量。

②多次测量：测量次数超过一次的测量称为多次测量。多次测量按测量条件主要分为等精度测量和非等精度测量。

2)间接测量：对于某些物理量的测量，由于没有合适的测量仪器，不便或不能进行直接测量。只能先测出与待测量有一定函数关系的直接测量量，再将直接测量的结果代入函数式进行计算，得到待测物理量的测量值，这个过程称为间接测量。即先进行直接测量，然后经过一定的数学运算才能得到测量结果的测量称为间接测量。相应的被测量称为间接测量量。例如用单摆法测量重力加速度，其公式为 $g=4\pi^2L/T^2$。可以先用米尺和计时器对 L 和 T 分别进行直接测量，然后将 L 和 T 的值带入测量公式，计算出重力加速度 g。整个过程称为间接测量，其中，g 是间接测量量，L、T 是直接测量量。

(2)按测量条件分为等精度测量和非等精度测量

1)等精度测量：在同等条件下进行的多次重复性测量称为等精度测量。即环境、人员、仪器、方法等相同不变，对同一个待测量进行多次重复测量。由于各次测量的条件相同，测量结果的可靠性和测量精度都是相同的，这些测量就是等精度测量。

2)非等精度测量：在特定的不同测量条件下，用不同的仪器、不同的测量方法、不同的测量次数、派不同的人员进行测量和研究，这种测量叫作非等精度测量。主要用于高精度的测量中。

在实际测量中常用的测量主要是单次测量、等精度测量和间接测量。当测量精度要求不高时用单次测量，测量精度要求比较高时用等精度测量，在无法使用直接测量时才用间接测量。

3. 真值、误差与偏差

真值是待测物理量客观存在的确定值，也称理论值或定义值。通常真值是无法测得的。

(1)误差与偏差 (error and deviation)

①误差(E)：测定结果与真实值之间的差值，$E=x-x_T$

绝对误差(absolute error)：$Ea=x-x_T$，有大小、正负

相对误差(relative error)：$Er=Ea/x_T\times100\%$，有大小、正负 (Er 小，准确度高)

建立误差概念的意义是为估计真值：$x_T=x-E$，分析天平的测量误差为 0.0001 g，则 $x_T=x\pm0.0001$ g

②偏差：测定结果与平均结果的差值，$d=x-\overline{x}$，$\sum di=0$

平均偏差($\overline{d}$)：$\overline{d}=\dfrac{|d_1|+|d_2|+\cdots|d_n|}{n}$

相对平均偏差 $=\overline{d}/\overline{x}\times100\%$

标准偏差：$S=\sqrt{\dfrac{\sum\limits_{i=1}^{n}(x_i-\overline{x})^2}{n-1}}$，$n$ — 测量次数

相对标准偏差：$S_r=\dfrac{S}{\overline{x}}\times100\%$

S 是表示偏差的最好方法，数学严格性高，可靠性大，能显示出较大的偏差。

(2)绝对误差和绝对误差限、相对误差和相对误差限

设 x^* 为准确值，x 是 x^* 的近似值，若

$$e=x^{*}-x$$

称 e 为近似值 x 的绝对误差，简称误差。显然误差 e 既可为正，也可为负。一般来说，准确值 x^{*} 是不知道的，因此误差 e 的准确值无法求出。不过在实际工作中，可根据相关领域的知识、经验及测量工具的精度，事先估计出误差绝对值不超过某个正数 ε，即

$$|e|=|x^{*}-x|\leqslant\varepsilon$$

称 ε 为近似值 x 的绝对误差限，简称误差限或精度。

由上可得

$$x-\varepsilon\leqslant x^{*}\leqslant x+\varepsilon$$

这表示准确值 x^{*} 在区间 $[x-\varepsilon,\quad x+\varepsilon]$ 内，有时将准确值 x^{*} 写成

$$x^{*}=x\pm\varepsilon$$

例如用卡尺测量一个圆杆的直径为 $x=350$mm，它是圆杆直径的近似值，由卡尺的精度知道这个近似值的误差不会超过半个毫米，则有

$$|x^{*}-x|=|350-x|\leqslant 0.5(\text{mm})$$

于是该圆杆的直径为

$$x^{*}=350\pm 0.5(\text{mm})$$

用 $x^{*}=x\pm\varepsilon$ 表示准确值可以反映它的准确程度，但不能说明近似值的好坏。例如，测量一根 10 cm 长的圆钢时发生了 0.5 cm 的误差，和测量一根 10 m 长的圆钢时发生了 0.5 cm 的误差，其绝对误差都是 0.5 cm，但是，后者的测量结果显然比前者要准确得多。这说明决定一个量的近似值的好坏，除了要考虑绝对误差的大小，还要考虑准确值本身的大小，这就需要引入相对误差的概念。

设 x^{*} 为准确值，x 是 x^{*} 的近似值，若

$$e_r=\frac{e}{x^{*}}=\frac{x^{*}-x}{x^{*}}$$

称 e_r 为近似值 x 的相对误差。

在实际计算中，由于准确值 x^{*} 总是未知的，因此也把

$$e_r=\frac{e}{x}=\frac{x^{*}-x}{x}$$

称为近似值 x 的相对误差。

在测量圆钢的例子中，前者的相对误差是 0.5/10=0.05，而后者的相对误差是 0.5/1000=0.0005。一般来说，相对误差越小，表明近似程度越好。与绝对误差一样，近似值 x 的相对误差的准确值也无法求出。仿绝对误差限，称相对误差绝对值的上界 ε_r 为近似值 x 的相对误差限，即

$$|e_r|=\left|\frac{x^{*}-x}{x}\right|\leqslant\varepsilon_r$$

注：绝对误差和绝对误差限有量纲，而相对误差和相对误差限没有量纲，通常用百分数来表示。

4. 误差分类

根据误差的性质和产生的原因，一般分为三类。

(1)系统误差

系统误差是指在测量和实验中未发觉或未确认的因素所引起的误差，由某种固定原因造成，使测定

结果系统地偏高或偏低，即这些因素影响结果永远朝一个方向偏移，其大小及符号在同一组实验测定中完全相同，当实验条件一经确定，系统误差就获得一个客观上的恒定值。

当改变实验条件时，就能发现系统误差的变化规律。可用校正的方法加以消除。

其特点：

- 单向性：要么偏高，要么偏低，即正负、大小有一定的规律性
- 重复性：同一条件下，重复测定中，重复地出现
- 可测性：误差大小基本不变

误差来源：

- 方法误差
- 仪器试剂误差
- 操作误差
- 主观误差

系统误差产生的原因：①由仪器不确定度产生的系统误差：即仪器本身缺陷、校正不完善或没有按规定条件使用而产生的误差。例如，仪器刻度不准、刻度盘和指针安装偏心、米尺弯曲、天平两臂不等长等等；②由测量公式产生的系统误差：测量公式本身的近似性或没有满足理论公式所规定的实际条件而产生的误差。例如，单摆周期公式 $T=2\pi\sqrt{\frac{l}{g}}$ 的成立条件是摆角小于 5 度，用这个近似公式计算 T 时，计算本身就带来了误差；又如用伏安法测量电阻时，忽略了电表内阻的影响等；③由测量环境产生的系统误差：在测量过程中，因周围温度、湿度、气压、振动、电磁场等环境条件发生有规律的变化引起的误差。如在 25 ℃时标定的标准电阻在 30 ℃环境下使用等；④由操作人员产生的系统误差：操作者坏习惯或生理、心理等因素造成的误差。例如用米尺测长，读数为斜视读出；用秒表计时，掐表速度较慢等。针对仪器的缺点、外界条件变化影响的大小、个人的偏向，待分别加以校正后，系统误差是可以清除的。

(2)偶然误差

在已消除系统误差的一切量值的观测中，所测数据仍在末一位或末两位数字上有差别，而且它们的绝对值和符号的变化，时而大时而小，时正时负，没有确定的规律，这类误差称为偶然误差或随机误差。

特点：

- 不确定性
- 不可避免性
- 只能减小，不能消除。
- 每次测定结果无规律性，多次测量符合统计规律

偶然误差产生的原因：由某些不固定偶然原因造成，使测定结果在一定范围内波动，大小、正负不定，难以找到原因，无法测量，因而无法控制和补偿。但是，倘若对某一量值进行足够多次的等精度测量后，就会发现偶然误差完全服从统计规律，误差的大小或正负的出现完全由概率决定。因此，随着测量次数的增加，随机误差的算术平均值趋近于零，所以多次测量结果的算术平均值将更接近于真值。

(3)过失误差

过失误差是一种显然与事实不符的误差，它往往是由于实验人员粗心大意、过度疲劳和操作不正确等引起的。此类误差无规则可循，只要加强责任感、多方警惕、细心操作，过失误差是可以避免的。

5. 准确度与精密度 (accuracy and precision)

反映测量结果与真实值接近程度的量，称为精度(也称精确度)。它与误差大小相对应，测量的精度越高，其测量误差就越小。“精度”应包括精密度和准确度两层含义。

(1)精密度

测量中所测得数值重现性的程度，称为精密度。各次分析结果相互接近的程度，用偏差表示。它反

映偶然误差的影响程度，精密度高就表示偶然误差小。

(2)准确度

测量值与真值的偏移程度，称为准确度。表示测定结果与真值的接近程度，用误差表示(用相对误差较好)。它反映系统误差的影响程度，准确度高就表示系统误差小。

(3)精确度(精度)

它反映测量中所有系统误差和偶然误差综合的影响程度。

在一组测量中，精密度高的准确度不一定高，准确度高的精密度也不一定高，但精确度高，则精密度和准确度都高。

为了说明精密度与准确度的区别，可用下述打靶例子来说明(图 5-13)。

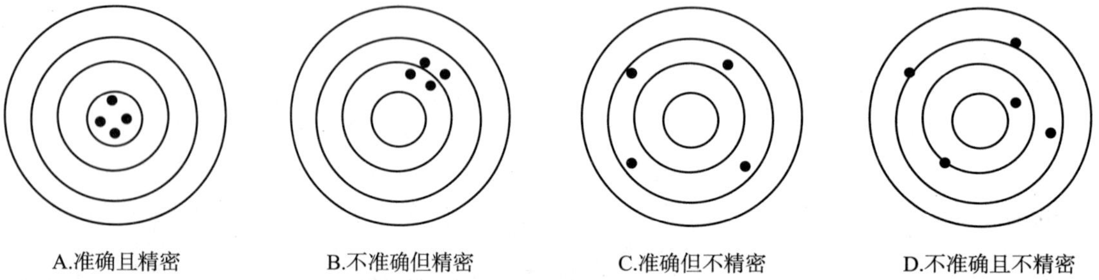

图 5-13　准确度与精密度的区别

结论：①精密度是保证准确度的前提；

②精密度好，准确度不一定好，可能有系统误差存在；

③精密度不好，衡量准确度无意义；

④在确定消除了系统误差的前提下，精密度可表达准确度。常量分析要求系统误差小于 0.1%～0.2%。

(4)极差(R)

极差又称全距或范围误差：$R=x_{\max}-x_{\min}$，相对极差 $R/\bar{x}\times100\%$

(二)测量数据的处理

1.制订实验计划

设计性实验是在学生有一定基础的训练后，对学生进行的介于基本教学实验与实际科学实验之间的，具有对科学实验全过程进行初步训练特点的教学实验。这类实验课程具有综合性、典型性、探索性和部分设计性任务，要求学生自行推导有关理论，确定实验方法，选择配套仪器设备进行实验，最后写出比较完整的实验报告。

设计性实验的核心是设计，选择实验方案并在实验中检验方案的正确性与合理性。设计时一般包括：根据研究、实验精度的要求以及现有的主要仪器确定应用原理，选择实验方法与测量方法，选择测量条件与配套仪器以及测量数据的合理处理等。

在进行设计实验时，应考虑各种误差出现的可能性，分析其产生的原因，考虑测量数据和检验系统误差的存在，估计其大小并消除或减小系统误差的影响。

由于实验的内容十分广泛，实验的方法和手段非常丰富，同时还由于误差的影响是错综复杂的，是各种因素相互影响的综合结果，因此要很概括地分析或总结出实验方案选择和系统误差分析的普遍适用的方法是不现实的。

(1)设计性实验的教学目的

提高学生实验素质和科学研究能力，进行创造性能力的培养。

(2)设计性实验的特点

教师提出实验课题和研究项目，实验室提供条件。同学自行推证有关理论，自行确定实验方法，自行选择和组合配套仪器设备，自行拟订实验程序和注意事项等，做出具有一定精度的定量的测试结果，写出完整的实验报告。

(3)设计性实验的教学要求

在完成设计性实验的整个过程中，充分发挥自己的实际水平与能力，力求有创新。

(4)科学实验设计的原则

实验方案的选择——最优化原则

测量方法的选择——误差最小原则

测量仪器的选择——误差均分原则

测量条件的选择——最有利原则

(5)设计性实验的程序：

①6 学时实验项目，通常分两次完成；

②第一次实验，学生学习实验室提供的电子资料和文字资料，熟悉实验仪器，选定实验内容，拟定实验方案；

③在第一次与第二次实验间，学生可利用业余时间充分酝酿实验方案；

④第二次实验，各显神通，全面开展实验。

2. 测量仪器与测量系统选择及标定

测量仪表的精确等级是用最大引用误差(又称允许误差)来标明的。它等于仪表示值中的最大绝对误差与仪表的量程范围之比的百分数。

$$\delta_{n\,\max}=\frac{\text{最大示值绝对误差}}{\text{量程范围}}\times 100\%=\frac{d_{\max}}{X_n}\times 100\%$$

式中：$\delta_{n\,\max}$——仪表的最大测量引用误差；

$d_{\max}$——仪表示值的最大绝对误差；

X_n——标尺上限值－标尺下限值。

通常情况下是用标准仪表校验较低级的仪表。所以，最大示值绝对误差就是被校表与标准表之间的最大绝对误差。

测量仪表的精度等级是国家统一规定的，把允许误差中的百分号去掉，剩下的数字就称为仪表的精度等级。仪表的精度等级常以圆圈内的数字标明在仪表的面板上。例如某台压力计的允许误差为 1.5%，这台压力计电工仪表的精度等级就是 1.5，通常简称 1.5 级仪表。

仪表的精度等级为 a，它表明仪表在正常工作条件下，其最大引用误差的绝对值 $\delta_{\max}$ 不能超过的界限，即

$$\delta_{n\,\max}=\frac{d_{\max}}{X_n}\times 100\%\leqslant a\%$$

由上式可知，在应用仪表进行测量时所能产生的最大绝对误差(简称误差限)为

$$d_{\max}\leqslant a\%\cdot X_n$$

而用仪表测量的最大值相对误差为

$$\delta_{n\,\max}=\frac{d_{\max}}{X_n}\leqslant a\%\cdot\frac{X_n}{X}$$

由上式可以看出，用仪表测量某一被测量所能产生的最大示值相对误差，不会超过仪表允许误差

$a\%$乘以仪表测量上限 X_n 与测量值 X 的比。在实际测量中为可靠起见，可用下式对仪表的测量误差进行估计，即

$$\delta_m = a\% \cdot \frac{X_n}{X}$$

［**例 5-1**］ 用量限为 5A，精度为 0.5 级的电流表，分别测量两个电流，$I_1=5\text{A}$，$I_2=2.5\text{A}$，测量 I_1 和 I_2 的相对误差为多少？

$$\delta_{m1} = a\% \times \frac{I_n}{I_1} = 0.5\% \times \frac{5}{5} = 0.5\%$$

$$\delta_{m2} = a\% \times \frac{I_n}{I_2} = 0.5\% \times \frac{5}{2.5} = 1.0\%$$

由此可见，当仪表的精度等级选定时，所选仪表的测量上限越接近被测量的值，则测量误差的绝对值越小。

［**例 5-2**］ 欲测量约 90 V 的电压，实验室现有 0.5 级 0～300 V 和 1.0 级 0～100 V 的电压表。问选用哪一种电压表进行测量为好？

用 0.5 级 0～300 V 的电压表测量 90 V 的相对误差为

$$\delta_{m0.5} = a_1\% \times \frac{U_n}{U} = 0.5\% \times \frac{300}{90} = 1.7\%$$

用 1.0 级 0～100 V 的电压表测量 90 V 的相对误差为

$$\delta_{m1.0} = a_2\% \times \frac{U_n}{U} = 1.0\% \times \frac{100}{90} = 1.1\%$$

上例说明，如果选择得当，用量程范围适当的 1.0 级仪表进行测量，能得到比用量程范围大的 0.5 级仪表更准确的结果。因此，在选用仪表时，应根据被测量值的大小，在满足被测量数值范围的前提下，尽可能选择量程小的仪表，并使测量值大于所选仪表满刻度的 2/3，即 $X>2X_n/3$ 。这样就可以达到满足测量误差要求，又可以选择精度等级较低的测量仪表，从而降低仪表的成本。

3. 有效数字

在科学与工程中，总是以一定位数的数字来表示测量或计算结果。不是说一个数值中小数点后面位数越多越准确。实验中从测量仪表上所读数值的位数是有限的，而取决于测量仪表的精度，其最后一位数字往往是仪表精度所决定的估计数字。即一般应读到测量仪表最小刻度的十分之一位。数值准确度大小由有效数字位数来决定。

(1)有效数字、有效数字与相对误差限的联系

用 $x\pm\varepsilon$ 表示一个近似值，这在实际计算中很不方便。当在实际运算中遇到的数的位数很多时，如 π，e 等，常常采用四舍五入的原则得到近似值，为此引进有效数字的概念。

设 x 是 x^* 的近似值，如果 x 的误差限是它的某一位的半个单位，那么称 x 准确到这一位，并且从这一位起直到左边第一个非零数字为止的所有数字称为 x 的有效数字。简单地说有效数字，就是实际上能测到的数字。具体来说，就是先将 x 写成规范化形式

$$x = \pm 0.a_1a_2\cdots a_n \times 10^m$$

其中 $a_1,a_2,\cdots,a_n$ 是 0 到 9 之间的自然数，$a_1\neq 0$，m 为整数。如果 x 的误差限

$$|x^* - x| \leqslant \frac{1}{2} \times 10^{m-l},\ 1\leqslant l\leqslant n$$

那么称近似值 x 具有 l 位有效数字。

[例 5-3] 设 $x^*=3.200169$，确定它的近似值 $x_1=3.2001$，$x_2=3.2002$，$x_3=3.200$，$x_4=3.2$ 分别具有几位有效数字？

解：因为 $x_1=0.32001\times10^1$，$m=1$，

$$|x^*-x_1|=0.069\times10^{-3}<0.5\times10^{-3},$$

（即 x_1 的误差限 0.000069 不超过 $x_1=3.2001$ 的小数点后第 3 位的半个单位，即 0.0005），所以 $m-l=-3$，得 $l=4$。故 $x_1=3.2001$ 具有 4 位有效数字（即从 $x_1=3.2001$ 的小数点后第 3 位数 0 起直到左边第一个非零数字 3 为止的 4 个数字都是有效数字，而最后一位数字 1 不是有效数字）。

因为 $x_2=0.32002\times10^1$，$m=1$，

$$|x^*-x_2|=0.31\times10^{-4}<0.5\times10^{-4},$$

（即 x_2 的误差限 0.000031 不超过 $x_2=3.2002$ 的小数点后第 4 位的半个单位，即 0.00005），所以 $m-l=-4$，得 $l=5$。故 $x_2=3.2002$ 具有 5 位有效数字（即从 $x_2=3.2002$ 的小数点后第 4 位数 2 起直到左边第一个非零数字 3 为止的 5 个数字都是有效数字）。

因为 $x_3=0.3200\times10^1$，$m=1$，

$$|x^*-x_3|=0.169\times10^{-3}<0.5\times10^{-3},$$

（即 x_3 的误差限 0.000169 不超过 $x_3=3.200$ 的小数点后第 3 位的半个单位，即 0.0005），所以 $m-l=-3$，得 $l=4$。故 $x_3=3.200$ 具有 4 位有效数字（即从 $x_3=3.200$ 的小数点后第 3 位数 0 起直到左边第一个非零数字 3 为止的 4 个数字都是有效数字）。

因为 $x_4=0.32\times10^1$，$m=1$，

$$|x^*-x_4|=0.00169\times10^{-1}<0.5\times10^{-1},$$

（即 x_4 的误差限 0.000169 不超过 $x_4=3.2$ 最后一位数字 2 的半个单位，即 0.05），所以 $m-l=-1$，得 $l=2$。故 $x_4=3.2$ 具有 2 位有效数字（即 $x_4=3.2$ 的所有数字都是有效数字）。

特别要指出的是，在例 5-3 中，$x_3=3.200$ 有 4 位有效数字，而 $x_4=3.2$ 只有 2 位有效数字。

从上面的讨论可以看出，有效数字位数越多，绝对误差限就越小。同样的，有效数字位数越多，相对误差限也就越小。

简单地说，一个数据，其中除了起定位作用的“0”外，其他数都是有效数字。如 0.0037 只有两位有效数字，而 370.0 则有四位有效数字。一般要求测试数据有效数字为 4 位。要注意有效数字不一定都是可靠数字。如测流体阻力所用的 U 形管压差计，最小刻度是 1 mm，但我们可以读到 0.1 mm，如 342.4 mmHg。又如二等标准温度计最小刻度为 0.1 ℃，我们可以读到 0.01 ℃，如 15.16 ℃。此时有效数字为 4 位，而可靠数字只有 3 位，最后 1 位是不可靠的，称为可疑数字。记录测量数值时只保留一位可疑数字。

为了清楚地表示数值的精度，明确读出有效数字位数，常用指数的形式表示，即写成一个小数与相应 10 的整数幂的乘积。这种以 10 的整数幂来记数的方法称为科学记数法。

如　75200　有效数字为 4 位时，记为 $7.520*10^5$

　　　　　　有效数字为 3 位时，记为 $7.52*10^5$

　　　　　　有效数字为 2 位时，记为 $7.5*10^5$

　　0.00478　有效数字为 4 位时，记为 $4.780*10^{-3}$

　　　　　　有效数字为 3 位时，记为 $4.78*10^{-3}$

　　　　　　有效数字为 2 位时，记为 $4.7*10^{-3}$

(2)有效数字运算规则

①记录测量数值时,只保留一位可疑数字。

②当有效数字位数确定后,其余数字一律舍弃。舍弃办法是四舍五入,即末位有效数字后边第一位小于5,则舍弃不计;大于5则在前一位数上增1;等于5时,前一位为奇数,则进1为偶数,前一位为偶数,则舍弃不计。这种舍入原则可简述为:“小则舍,大则入,正好等于奇变偶”。如:保留4位有效数字

3.71729→3.717;

5.14285→5.143

7.62356→7.624

9.37656→9.376

③在加减计算中,各数所保留的位数,应与各数中小数点后位数最少的相同。例如将24.65、0.0082、1.632三个数字相加时,应写为24.65+0.01+1.63=26.29。

④在乘除运算中,各数所保留的位数,以各数中有效数字位数最少的那个数为准;其结果的有效数字位数也应与原来各数中有效数字最少的那个数相同。例如:

0.0121×25.64×1.05782应写成0.0121×25.6×1.06=0.328。上例说明,虽然这三个数的乘积为0.3281823,但只应取其积为0.328。

⑤在对数计算中,所取对数位数应与真数有效数字位数相同。

(3)确定有效数字的原则

①最后结果只保留一位不确定的数字。

②0～9都是有效数字,但0作为定小数点位置时则不是。

例:0.0053(2位),0.5300(4位),0.0503(3位),0.5030(4位)

③首位数字是8,9时,可按多一位处理。

例:1.0008	43181	5位	0.0382	1.98×10^{-10}	3位
0.1000	9.83	4位	3600	100	有效位数不确定

(4)四舍五入修约法

“尾数小于五则舍;大于五则入;等于五时,将有效末位凑成偶数”。所谓尾数就是有效位后面的数字。下面例子中带下划线的数字,在舍取的过程中称为尾数。注意四舍五入修约法的运用:

$0.502\,\underline{501}$		0.503
$0.502\,\underline{499}$		0.502
$0.502\,\underline{5}$	均保留3位有效数字→	0.502
$0.501\,\underline{5}$		0.502
$0.510\,\underline{5}$		0.510

4.平均值方法

若在实验中,测量的次数无限多时,根据误差的分布定律,正负误差的出现概率相等。再经过细致的消除系统误差,将测量值加以平均,可以获得非常接近于真值的数值。但是实际上实验测量的次数总是有限的,用有限测量值求得的平均值只能是近似真值,常用的平均值方法有下列几种:

①算术平均值　算术平均值是最常见的一种平均值。设x_1、x_2、…、x_n为各次测量值,n代表测量次数,则算术平均值为

$$\bar{x}=\frac{x_1+x_2+\cdots+x_n}{n}=\frac{\sum_{i=1}^{n}x_i}{n}$$

②几何平均值　几何平均值是将一组 n 个测量值连乘并开 n 次方求得的平均值。即

$$\overset{n}{x}_n=\sqrt[n]{x_1\cdot x_2\cdots x_n}$$

③均方根平均值　均方根平均值是将一组 n 个测量值先平方，再平均，再开方求得的平均值。即

$$\bar{x}_{均}=\sqrt{\frac{x_1^2+x_2^2+\cdots+x_n^2}{n}}=\sqrt{\frac{\sum_{i=1}^{n}x_i^2}{n}}$$

④对数平均值　在化学反应、热量和质量传递中，其分布曲线多具有对数的特性，在这种情况下表征平均值常用对数平均值。设两个量 x_1、x_2，其对数平均值

$$\bar{x}_{对}=\frac{x_1-x_2}{\ln x_1-\ln x_2}=\frac{x_1-x_2}{\ln\frac{x_1}{x_2}}$$

应指出，变量的对数平均值总小于算术平均值。当 $x_1/x_2\leqslant 2$ 时，可以用算术平均值代替对数平均值。

当 $x_1/x_2=2$，$\bar{x}_{对}=1.443$，$\bar{x}=1.50$，$(\bar{x}_{对}-\bar{x})/\bar{x}_{对}=4.2\%$，即 $x_1/x_2\leqslant 2$，引起的误差不超过4.2%。

以上介绍各平均值的目的是要从一组测定值中找出最接近真值的那个值。平均值($\bar{x}$)

$$\bar{x}=\frac{x_1+x_2+\cdots+x_n}{n}\quad 是对真值的最佳估计$$

⑤中位数(x_M)将平行测定的数据按大小顺序排列。如果数据为奇数，则取中间位置数据；如果数据为偶数，则取中间两个数据的平均值。

例：1.　10.10，10.20，10.40，10.46，10.50　　$\bar{x}=10.33$　　$x_M=10.40$

2.　10.10，10.20，10.40，10.46，10.50，10.54　　$\bar{x}=10.37$　　$x_M=10.43$

当有异常值时，10.10，10.20，10.40，10.46，10.50，12.80　　$x_M=10.43$　　$\bar{x}=10.74$

很多情况下，用中位数表示"中心趋势"比用平均值更实际。

5. 粗大误差

粗大误差的数值比较大，它会对测量的结果产生明显的歪曲，一旦发现含有粗大误差的测量值，应将其从测量结果中剔除。

(1)粗大误差的产生原因

①测量人员的主观原因

由于测量者工作责任感不强，工作过于疲劳或者缺乏经验操作不当，或在测量时不小心、不耐心、不仔细等，从而造成了错误的读数或错误的记录，这是产生粗大误差的主要原因。

②客观外界条件的原因

由于测量条件意外地改变(如机械冲击、外界振动等)，引起仪器示值或被测对象位置的改变而产生粗大误差。

(2)防止与消除粗大误差的方法

对粗大误差，除了设法从测量结果中发现和鉴别而加以剔除外，更重要的是要加强测量者的工作责任心，要求其以严格的科学态度对待测量工作；此外，还要保证测量条件的稳定，或者应避免在外界条件发生激烈变化时进行测量。如能达到以上要求，一般情况下是可以防止粗大误差产生的。

在某些情况下，为了及时发现与防止测得值中含有粗大误差，可采用不等精度测量和互相之间进行校核的方法。例如，对某一被测值，可由两位测量者进行测量、读数和记录；或者用两种不同仪器、或两

种不同方法进行测量(如测量薄壁圆筒内径,可通过直接测量内径或测量外径和壁厚,再经过计算求得内径,两者作互相校验)。

二、材料准备

1. 当地温室传感器设备;
2. 与本任务相关的各类材料。

任务实施

通过网络或到图书馆查阅资料,进一步了解测量数据处理。

任务拓展

测量不确定度

由于测量误差的存在,被测量的真值难以确定,测量结果带有不确定性。长期以来,人们不断追求以最佳方式估计被测量的值,以最科学的方法评价测量结果的质量高低的程度。测量的不确定度就是评定测量结果质量高低的一个重要指标。不确定度越小,测量结果的质量越高,使用价值越大,其测量水平也越高;不确定度越大,测量结果的质量越低,使用价值越小,其测量水平也越低。

1. 测量不确定度的由来

"不确定度"一词起源于1927年德国物理学家海森堡在量子力学中提出的不确定度关系,又称测不准关系。1970年前后,一些学者逐渐使用不确定度一词,一些国家计量部门也开始相继使用不确定度,但对不确定度的理解和表示方法尚缺乏一致性。鉴于国际间表示测量不确定度的不一致,1980年国际计量局(BIPM)在征求各国意见的基础上提出了《实验不确定度建议书INC-1》;1986年由国际标准化组织(ISO)等七个国际组织共同组成了国际不确定度工作组,制定了《测量不确定度表示指南》,简称"指南GUM";1993年,指南GUM由国际标准化组织颁布实施,在世界各国得到执行和广泛应用。

随着生产的发展和科学技术的进步,对测量数据的准确性和可靠性提出了更高的要求,特别是我国国际贸易的不断发展与扩大,测量数据的质量高低需要在国际间得到评价和承认,因此,测量不确定度在我国受到越来越高的重视。广大科技人员,尤其是从事测量的专业技术人员都应正确理解测量不确定度的概念,正确掌握测量不确定度的表示与评定方法,以适应现代测试技术发展的需要。

2. 不确定度的定义

测量不确定度是指测量结果变化的不肯定,是表征被测量的真值在某个量值范围的一个估计,是测量结果含有一个参数,用以表示被测量值的分散性。这种测量不确定度的定义表明,一个完整的测量结果应包含被测量值的估计与分散性参数两部分。例如被测量 y 的测量结果为 $y \pm U$,其中 y 是被测量值的估计,它具有的测量不确定度为 U。显然,在测量不确定度的定义下,被测量的测量结果所表示的并非一个确定的值,而是分散的无限个可能值所处于的一个区间。

不确定度是由于测量误差的存在而造成对被测量值不能确定的程度。若被测量用 X 表示,则不确定度用符号 ΔX 表示。它由两部分组成:A类分量 ΔX_A 和B类分量 ΔX_B。

表达式: $$\Delta X = \sqrt{\Delta X_A^2 + \Delta X_B^2}$$

相对不确定度: $$\frac{\Delta X}{X} \times 100\%$$

任务评价

以小组为学习单位，按照项目、内容和标准进行评价。

评价项目	评价内容	评价标准
误差的概念	概念的准确性、完整性	正确叙述概念，叙述不清扣分
误差的原因	常见误差原因要求准确性	正确叙述概念，叙述不清扣分
误差的处理方法	概念的准确性、实例	正确叙述实例，叙述不清扣分

任务巩固

1. 简述误差的定义。
2. 误差产生的原因有哪些？
3. 简述常见的误差处理方法。

温室环境远程控制系统　　植物工厂的控制系统　　控制系统软件操作界面　　控制柜操作

模块三　设施灾害性天气及预防

工作任务1　设施灾害性天气及预防对策

任务描述

温室、大棚等设施主要在冬、春季节进行生产，难免遭受灾害性天气的危害，因而要有预备防范措施，避免意想不到的损失。常见灾害性天气主要有大风、大雪、强降温、连续阴天等。

任务目标

1. 了解设施灾害性天气；
2. 掌握设施灾害性天气的预防措施。

素养目标

培养学生学农、爱农、兴农的责任意识，铸牢学生爱岗敬业精神和低碳环保的理念。

任务准备

一、知识准备

（一）大风

1. 大风的危害

风力大到足以危害人们的生产活动和经济建设的风称为大风。我国中央气象台规定风速大于等于7 m/s（8级）以上的风作为发布大风的标准。实际上，5级风就能对作物造成危害。

大风影响园艺设施的稳固，能吹倒棚架，砸伤植株，直接导致植株死亡；容易吹散、吹破棚架、棚膜，致使设施内的作物倒伏、枝干折断，严重时导致作物出现失水、萎蔫，影响植株开花授粉等。同时大风还可污染棚体，减弱棚内的光照强度。

2. 大风的预防对策

（1）营造防风林带和风障。

（2）根据当地的风力设计抗风的园艺设施。

（3）选择避风场所建筑园艺设施。

（4）根据天气预报临时加固大棚、温室等园艺设施。

（5）遇到大风天，一旦出现薄膜有鼓起现象时，放下部分（半卷）草苫压在温室前屋面的中部。

(二)大雪

1. 大雪的危害

我国气象上规定，下雪时，水平能见距离小于 500 m、24 h 内降雪量大于 5 mm 的为大雪。

冬季降雪过多可形成多种灾害。大雪常压垮大棚，破坏园艺设施；积雪过久威胁作物越冬，降低作物生长速度，延迟作物生长发育，严重时造成设施作物冻害。另外，暴风雪通常伴随强寒潮，寒冷潮湿天气由冷却雨滴凝成的透明或毛玻璃状密实冰层称为雪凇、冻雨、积冰，可加重设施内作物灾害程度，也可导致树木倒折、路面打滑、电线着地。例如 2008 年春季的江南雪灾、冰灾，导致大量园艺设施受损、设施内的作物被冻死、冻伤等灾害，造成华南地区蔬菜、水果等供应出现较为紧缺的现象。

2. 大雪的预防对策

(1)保持草苫干燥，加强防大雪管理。根据天气预报，无论白天，还是夜间，要对相关园艺设施在雨前或刚下雨时卷帘，防止雨水将草苫浸透，增加重量，给卷苫带来困难；防止草苫湿后上冻，卷放困难。雪大时，要及时除雪，防止大雪压坏棚架；防止雪化湿苫。

(2)连雪天，下雪时间长，每天必须揭苫 1～2 h，要在中午卷苫 1～2 m 高，让室内见光 1～2 h。让设施内的作物接受散射光，千万不能捂棚。在降雪天气温不太低时，尽量卷起草苫，让雪直接落在棚膜上，便于清扫，棚膜上积雪也有一定的保温作用。雪过后及时放苫子保温。在设施内使用加温炉等进行增温，也可以在室内悬挂大功率灯泡，进行补光加温。

(3)加固维修倒塌的大棚。

(4)积极防冻、防病、治病。

(5)组织技术人员检查指导。尤其是广大南方地区，应当以科学有效的应对措施来规避大雪灾害，把预防雪灾摆在与防台风、防暴雨同等重要的位置。

(三)强降温

1. 强降温的危害

气象学上定义：72 h 内，日平均气温下降≥8.0 ℃为强降温(主要指 3～4 月和 10～11 月期间)。

强降温往往伴有大风、雷雨、阵雨、寒潮等天气，处理不及时易造成设施内作物冻害，特别影响设施内作物开花授粉，也能导致正处于灌浆期的作物出现倒伏或机械性损伤，影响其正常灌浆，将对后期产量形成带来较大的影响。还能导致部分果树落花落果。如低温持续时间较长，还会出现僵苗、烂苗的现象。

2. 强降温的预防对策

(1)提高幼苗对日光和低温的耐性：炼苗。在定植前对秧苗进行低温炼苗。

(2)保温、增温。做好已经播种或正处育苗阶段的农作物的保温工作，增加植被覆盖，如四层牛皮纸能增加夜温 3 ℃以上；加放底角苫或纸被，能增加夜温 1 ℃；温室前底角没有防寒沟的，要填些乱草防风寒，北墙或山墙外也应堆草木等防寒；进入温室的门要放门帘子，或内设缓冲间，严防冷风直接进入。

(3)稳固保温设施，增强设施自身的保温能力。设施内的保温结构要合理，场地安排、布局与方位等也要符合保温要求，用保温性能较好的覆盖材料；必要时牢固棚膜，有孔要及时补上，保持棚膜良好；减少棚膜缝隙，防止散热。

(4)采用临时加强措施。温室里临时扣中、小拱棚，对于高裸作物不便于扣棚时，可用燃气罐、电炉子、生火炉、炭火盆等人工加温措施达到防寒目的，但要防火。生火炉加温必须有烟筒，不向室内漏烟。用炭火盆加温，在室外生火，当木炭完全烧成红色已不冒烟时，再移入室内。

另外，温室遭受冻害多在温室的前部，因此遇到强降温天气时，夜间在靠近前底脚处，按 1 m 的间距点燃一支蜡烛，可保持前底脚处不受冻害。必要时还要在设施周围，特别是在设施的北部和西北部加设风障，减少风力因素造成的温度下降。

（四）连续阴天

1. 连续阴天的危害

连续4～5 d或以上的阴雨天气现象为连续阴天。各地气象台站根据本地气候特点及对农业生产影响的情况，其规定略有差异。降水强度可以是小雨、中雨，也可以是大雨或暴雨。南方地区春季、江淮地区秋季、华北平原春末夏初、华南地区的秋季等都常有连阴雨发生。

在作物生长发育期间因持续阴雨天气，设施内的土壤和空气长期潮湿，日照严重不足，使作物生长发育不良，严重影响产量和质量。其危害程度因发生的季节、持续的时间、气温高低和前期雨水的多少及作物的种类、生育期、设施内的环境等的不同而异。例如长江下游一带春季连阴雨，因光照不足，会发生设施内的作物出现烂种等现象。在收获季节出现连阴雨，能造成设施内的作物等发芽霉烂，块根类作物腐烂等。另外，由于连阴雨，设施内湿度过大，如果不能及时排湿，还可引发某些作物病虫害的发生及蔓延。

2. 连续阴天的预防对策

（1）应研究和掌握本地连阴雨天气发生及其危害的规律，制订合理的设施结构和布局，并做好设施作物及品种的布局和季节的安排。

（2）必须保持透明覆盖物良好的透光性，这是减轻或避免连阴雨天气危害的前提。

（3）应根据各地的不同情况，分别采取相应的防御措施。一是针对南方早播期间的连续阴天，除根据天气变化规律，在冷尾暖头抢晴播种，设施内采用薄膜覆盖育苗外，搞好设施内的田间管理，调节设施内的小气候是防御低温阴雨天气影响，培育壮秧的主要措施。二是针对长江中下游地区作物主要生育期内的连续阴天，要搞好设施内的基本建设，排水通畅，低洼地区要做好水上整治，降低内河水位，沟渠配套，降低地下水位，提高栽培技术，改良土壤，推行中耕、培土等。注意收听天气预报，做好排渍和病虫防治工作。三是针对作物收获季节的连续阴天，应根据天气预报及时做好抢收、抢晒的工作。在条件许可的情况下，应配备必要的烘干设备，使雨天收获的作物能及时烘干，避免发芽、霉烂而遭受损失。四是针对设施内的高架作物实行宽窄种植，并适当稀植，及时整枝打杈，去除老叶，并使用透明绳吊秧，实现通风透光、保温等目的。

④增光、提温、排湿。遇到连续阴天，只要温度不是很低，就应该揭开草苫，减少保温覆盖物遮荫或者应用人工补光等措施，尽量增加室内温度。一般阴天，或有短时间露出太阳，室内温度就会有一定程度的升高。另外，如果在温室后部张挂反光幕或者在地面上铺盖反光地膜，在连阴天时也会起到一定增光和提高温度的作用。冬季阴雨（雪雾）天气较多的低纬度地区，应该提早覆盖薄膜，使土壤中储积较多的热量。冬季遇到连阴天时，由于地温较高，在一定程度上，能提高保温效果，减少低温冻害的发生。

二、材料准备

1. 当地温室对灾害性天气的预防措施；
2. 与本任务相关的各类材料。

任务实施

通过网络或到图书馆查阅资料，进一步了解设施灾害性天气。

任务评价

以小组为学习单位，按照项目、内容和标准进行评价。

评价项目	评价内容	评价标准
灾害性天气	概念的准确性、完整性	正确叙述概念，叙述不清扣分
灾害性天气对农业设施的影响	灾害性天气对农业设施的影响	正确叙述概念，叙述不清扣分
应对灾害性天气的措施	概念的准确性、实例	正确叙述实例，叙述不清扣分

任务巩固

1. 常见灾害性天气有哪些？
2. 简述利用农业设施应对灾害性天气的措施。

参考文献

[1] 王孟宇.作物生长与环境[M].北京:化学工业出版社,2009.
[2] 邹志荣,邵孝侯.设施农业环境工程学[M].北京:中国农业出版社,2008.
[3] 胡繁荣.园艺植物生产技术[M].北京:上海交通大学出版社,2007.
[4] 滕光辉.农业生物环境因素测试技术[M].2版.北京:中国农业大学出版社,2022.
[5] 李建明.设施农业概论[M].北京:化学工业出版社,2020.
[6] 程智慧.园艺概论[M].2版.北京:科学出版社,2022.
[7] 徐强,何燕红.园艺概论[M].北京:高等教育出版社,2019.
[8] 郭世荣,孙锦.设施园艺学[M].3版.北京:中国农业出版社,2020.